陕西省重点研发计划工业攻关项目（2020GY-211）
榆林市科技计划项目（2019-176）
国家社会科学基金项目（18XGL010）
国家自然科学基金项目（5197040521、51774228）

高温矿井热湿环境 对矿工安全的影响机理 及热害治理对策

聂兴信　顾清华　江松　汪朝　著

北　京

冶　金　工　业　出　版　社

2020

内 容 提 要

本书基于热力学焓差计算理论，构建了井下热荷载反演计算模型；基于涌现理论，揭示了高温矿井热湿环境对矿工身心安全的影响机理；基于 FAHP-IE 优化集对分析理论，提出了矿工身心安全影响态势评估方法；基于生产实际，进行了热湿环境下矿工生理、心理及行为变化测试实验；基于工程实践，采用技术组合创新形式提出了动态补偿冷风高温矿井热害水风协同治理方法等。

本书可供矿业、安全等领域的管理人员、研究人员与工程技术人员阅读，也可供大专院校有关师生参考。

图书在版编目（CIP）数据

高温矿井热湿环境对矿工安全的影响机理及热害治理对策/聂兴信等著 . —北京：冶金工业出版社，2020.10
ISBN 978-7-5024-5098-4

Ⅰ.①高… Ⅱ.①聂… Ⅲ.①高温矿井—热害—影响—矿山安全—安全管理 Ⅳ.①TD7

中国版本图书馆 CIP 数据核字（2020）第 193080 号

出 版 人 苏长永
地　　址　北京市东城区嵩祝院北巷 39 号　邮编　100009　电话　(010)64027926
网　　址　www.cnmip.com.cn　电子信箱　yjcbs@cnmip.com.cn
责任编辑　高　娜　美术编辑　郑小利　版式设计　孙跃红
责任校对　郑　娟　责任印制　李玉山
ISBN 978-7-5024-5098-4

冶金工业出版社出版发行；各地新华书店经销；三河市双峰印刷装订有限公司印刷
2020 年 10 月第 1 版，2020 年 10 月第 1 次印刷
169mm×239mm；9 印张；175 千字；134 页
54.00 元

冶金工业出版社　投稿电话　(010)64027932　投稿信箱　tougao@cnmip.com.cn
冶金工业出版社营销中心　电话　(010)64044283　传真　(010)64027893
冶金工业出版社天猫旗舰店　yjgycbs.tmall.com
（本书如有印装质量问题，本社营销中心负责退换）

前　言

矿产资源的开发，向深部发展是未来矿山行业的必然趋势。深井开采中存在的核心危害是"两高"问题：高应力岩爆危害及高地热引致的热湿危害。随着地下矿井开采深度增加、矿井内部岩温升高，以及开采设备功率增大、数量增多，生产强度提升引致的放热量增大，近年来高温矿井数量日趋增多、热湿危害愈加严重。深井开采中的高温高湿已成为重大矿井灾害之一，井下高温高湿环境严重影响了作业人员的生理状态和生产安全，已成为深井开采矿山企业亟待解决的关键问题。针对这一问题，本书主要做了如下研究：

（1）高温矿井热湿环境系统分析。从对井下热湿环境的认知出发，梳理了井下热湿来源及计算；基于热力学焓差计算理论，提出了井下热荷载反演计算模型及工作面冷负荷计算方法；通过掘进巷道温度场-风速场、运输巷道风速场增压、采掘区围岩注水降温三个数值模拟实验，揭示了高温矿井热湿环境特征及热害治理的本源方向。

（2）高温矿井热湿环境对矿工身心安全的影响机理。首先，设计了热湿环境下矿工生理、心理及行为变化测试实验，设置23~26℃、27~30℃、31~34℃、35~38℃、39~42℃五个温度范围，60%~70%、70%~80%、80%~90%三个湿度区间，0.5m/s、1.5m/s、2.5m/s三种风速工况，对井下50名矿工进行了生理、心理及行为测量；其次，依据现场测定数据，分析了各指标在不同环境工况下的变化规律，构建了高温矿井热湿环境对矿工生理、心理、行为影响的回归分析模型，基于回归分析结果实现了热湿环境对矿工身心安全的影响机理模型构建；最后，结合涌现理论，计算了矿工身心安全态势影响指标的影响度及耦合关系，揭示了矿工身心安全态势影响指标的耦合作用机理。

（3）高温矿井热湿环境对矿工身心安全影响态势评估。基于热湿环境对矿工身心安全影响指标体系，提出了基于集对分析的矿工自身安全影响态势评估模型；并利用扩展的多元联系数计算矿工自身安全影响的偏联系度，将传统的三元联系数集对分析拓展为与矿工身心安全影响等级相适应的五元联系数模型；将模糊层次分析理论（FAHP）与信息熵理论（IE）结合，确定评价指标的权重；对多元联系数不断求偏导，得出矿工安全影响偏联系度的计算方法，利用偏联系度和跃迁距离，综合反映矿工自身安全影响的发展趋势；最后，采用物元可拓模型评定矿工身心安全态势影响等级。

（4）高温矿井热害治理及防护对策。首先，梳理了高温矿井热害治理的三种人工制冷降温对策；其次，针对高温矿井通风系统提出了动态补偿冷风的降温减湿对策，针对井下采掘区提出了基于大风流水幕喷淋净化的可控循环增风降温对策，针对掘进及运输作业区提出了局部增压降温对策；最后，针对矿工自身，从能力上岗、作业制度、安全防护、营养及体质、应急救援、环境检测等方面提出了安全防护对策措施建议。

（5）结合实例，进行 JQ 金矿的通风问题诊断，对该矿井井下矿工自身安全进行了影响态势评估，制定并实施了矿井通风系统优化改造及风水协同治理措施，取得了明显的治理效果。

在理论方面，本书基于热力学焓差计算理论提出了井下热荷载反演计算模型及工作面冷负荷计算方法，基于涌现理论揭示了矿工身心安全态势影响指标的耦合作用机理，构建了基于 FAHP-IE 优化集对分析的矿工身心安全影响态势评估模型，有助于丰富高温矿井热湿环境影响机理的理论体系。在应用层面，本书基于生产实际进行了热湿环境下矿工生理、心理及行为变化测试实验，收集的现场数据及分析结果，间接推动了矿山企业对矿工身心安全及职业健康的重视保障；基于工程实践，采用技术组合创新形式提出了动态补偿冷风高温矿井热害水风协同治理方法，实现了高温矿井热害的有效治理。本书的研究内容对高温矿井矿工安全防护、井下安全生产管理具有一定参考意义，对高温矿井热湿环境的治理改善具有较高的应用价值。

本书由西安建筑科技大学资源工程学院聂兴信、顾清华、江松、汪朝等共同合作撰写。全书共分7章：第1章绪论部分，由聂兴信、江松主笔撰写。第2章聚焦于高温矿井井下热湿环境系统分析及仿真模拟，由聂兴信、张书读、冯珊珊撰写。第3章为高温矿井热湿环境对矿工身心安全的影响机理，由聂兴信、顾清华、王廷宇撰写。第4章为高温矿井热湿环境对矿工身心安全影响态势评估，由江松、顾清华、张靖静撰写。第5章为高温矿井热害治理及防护对策，由聂兴信、汪朝、郭进平撰写。第6章为实例研究，由聂兴信、孙锋刚、汪朝、白存瑞撰写。第7章结论部分由聂兴信、江松撰写。孙锋刚、白存瑞、冯珊珊、王廷宇、张书读等协助完成了实验研究。全书由聂兴信统稿。

本书在编写过程中，参考了有关文献资料，在此对文献作者表示衷心感谢。感谢陕西省重点研发计划工业攻关项目（2020GY-211）、榆林市科技计划项目（2019-176）、国家社会科学基金项目（18XGL010）、国家自然科学基金项目（5197040521、51774228）的支持，特别感谢西安建筑科技大学资源工程学院为本书出版提供了经费支持。

由于作者水平所限，书中难免有不足之处，恳请广大读者批评指正。

聂兴信

2020年7月于西安

目　录

1 绪 论

1.1 深井采矿热湿矿井危害分析及热害防治研究意义

1.1.1 热湿危害分析

目前，浅层矿产资源开发规模渐趋衰减，深井采矿是必然发展趋势。深井在我国泛指开采深度超过 800m 以上的矿井。目前，我国深井占比 15%~20%，且降深速度达到 10~25m/年；采深超过 600m 的矿井数量占比约 28.5%，数量超过300 座，其中开采深度超过 1000m 的金属矿井数量逾百座，如云南大姚六苴铜矿（采深超过 1450m），辽宁抚顺红透山铜矿（采深超过 1300m），山东铜陵狮子山铜矿（采深超过 1100m）等。相比而言，国外一些金属矿山开采更深，采深超过 2000m 的典型代表有南非的卡里顿维尔金矿（其采深超过 4000m，被称为世界上采深最深的金属矿井[1]）、印度的一些金矿（超过 2500m）、俄罗斯的一些铁矿（超过 2000m）等。相比浅部矿井，深井开采的主要特征之一就是井下环境热湿明显，图 1-1 为典型高温地下矿井运输巷道照片，大致可反映井下作业环境。

图 1-1 典型高温地下矿井运输巷道

深部矿床开采的核心技术在于岩爆预测及控制、热湿环境治理、安全高效开采三个方面，热湿环境治理是重要环节之一。热湿危害的形成原因：一方面，是矿井机械通风系统难以动态满足深井采矿工程的需要，容易出现乏风、井下生产作业场所通风不畅等问题；另一方面，随着地下矿井开采深度增加、地热流场导致矿井内部岩温升高，以及开采设备功率增大、数量增多、生产强度提升引致的放热量增大，致使近年来高温矿井数量日趋增多、热湿危害愈加严重。深井开采中的高温高湿危害已成为重大矿井灾害之一，井下高温高湿环境严重影响了作业人员的生理状态和生产安全。该问题已成为深井开采矿山企业亟待解决的关键问题之一。

深井采矿安全的基础条件之一是机械通风系统，其向井下输送新风并排除污风，但矿井采掘工程逐步延深，长距离通风愈加困难，生产作业面一旦出现爆破粉尘、炮烟和有毒气体不能及时排出或有效稀释的情况，将不可避免的对井下矿工身心安全及健康造成危害。同时，矿井高岩温、渗水、生产用水蒸发等因素形成了作业环境的高湿度，这两方面原因的综合导致产生了高温高湿的井下作业环境[2]。矿工长期在高温高湿环境下作业，就可能出现生理功能改变、中暑、热衰竭、热虚脱、死亡等病害，生理长期超限引发生理危害、心理危害和行为危害等，其中行为危害的直接表现形式是劳动作业效率下降、安全事故发生概率提高等。

综上分析，高温矿井热湿环境带来的灾害已经严重影响井下矿工身心健康安全及矿山企业生产作业安全，高温矿井热湿环境对井下人员的影响机理及热害治理已成为国内外采矿界公认的科技难题，迫切需要进行高温矿井热湿环境的影响理论及热害综合防治方法等研究。

1.1.2　热湿影响理论及热害防治研究意义

本书的理论意义主要表现在如下三个方面：

（1）在对高温矿井的热害环境认知方面，本书基于热力学焓差计算理论，提出了井下热荷载反演计算模型及工作面冷负荷计算方法，并通过三个数值模拟实验，揭示了高温矿井热湿环境特征及热害治理的本源方向。

（2）高温矿井的热害环境直接影响着矿工身心健康、行为安全、劳动效率等，是引致安全事故的原因之一。如何科学量化高温矿井热湿环境对矿工安全的影响机理，是一个亟待解决的科学问题。本书设计了热湿环境下矿工生理、心理及行为变化测试实验，构建了高温矿井热湿环境对矿工生理、心理、行为影响的回归分析模型及热湿环境对矿工身心安全的影响机理模型；结合涌现理论计算了矿工身心安全态势影响指标的影响度及耦合关系，揭示了矿工身心安全态势影响指标的耦合作用机理。

（3）本书将人工智能中的集对分析理论应用到矿工安全影响态势评估中，填补了态势评估、模糊层次分析结合熵权法等模型在高温矿井热害影响评估领域应用的空白，丰富了态势感知理论的应用范围，同时进一步充实和完善了热湿环境对矿工身心安全影响态势的评估理论体系。

本研究的现实意义主要表现在如下两个方面：

（1）热湿环境对矿工身心安全影响的测试实验，间接推动矿山企业对矿工身心安全及职业健康的重视保障，降低井下的高温高湿工作环境对矿工的身心影响，切实保障矿工身心安全，提高井下安全生产效率，促进井下安全生产管理水平提升具有一定积极意义。从深部资源开发角度来讲，厘清井下热湿危害对作业人员的影响机理，改善高温矿井热湿环境对作业人员的影响程度，有助于推进深部矿产资源的开发力度，提升对地下深部矿产资源的利用度。

（2）基于工程实践，采用技术组合创新形式提出了动态补偿冷风高温矿井热害水风协同治理方法，实现了高温矿井热害的有效治理，有助于指导井下工作环境的治理改善，对保证工作人员的安全生产以及提高生产效率具有重要的意义，对同类高温矿井的热害治理问题具有实际的参考应用价值。

1.2　国内外关于热湿影响理论及热害防治的研究现状与分析

1.2.1　高温矿井热湿环境及其影响研究

1.2.1.1　高温矿井热湿环境相关研究

早在人类文明初现之时，采矿作业便随之产生。《周礼·地官》中说到"人掌金玉锡石之地"，这是古代文献关于矿业的最早记载。传统的采矿业一般是露天开采，随着机械化的普及，采矿作业转向地下开展，而真正意义上进入深部开采阶段要从 20 世纪 60 年代算起。以美国、澳大利亚、南非为代表的矿业大国对深井开采所暴露出来的高温矿井热湿环境危害的研究较多。这些研究主要集中在矿井围岩地热、温度场演化、风热交换、矿井通风优化等方面。我国深井高温热湿环境的研究始于抚顺等地的低温观测和局部降温技术，与发达国家的差距较大。

A　国外研究现状

位于法国 Belfort 金矿的低温测试是有文字记载的最早矿井温度研究[3]。首次提出围岩调热圈概念的是德国科学家 Heise，他于 1923 年通过对某巷道围岩的温度进行测定，发现其周期性变化的温度场，就此形成了早期的矿井热环境理论[4]。后来，随着计算机技术的不断普及和推广，越来越多的数值模拟方法被应用到矿井风温计算中来。1972，年 Hiramatsu 针对自然通风的矿井，提出了一种用计算机并行计算矿井气流速度和温湿度的方法。程序设计系统由两个子系统组成，一个子系统用于计算流量，另一个子系统用于计算温度和湿度。前者与一般的通风网络分析程序基本相同，后者是基于一种试错过程，考虑了岩石、机器等传热气流、高度变化和水分蒸发等因素的影响[5]。Lagny 在法国东北部煤田的废弃矿井出口安装了测量站，测量了矿井瓦斯参数、温度、气压等外部参数，表明气体流动主要受外部大气和矿山工作面之间的温差的影响[6]。Maurice 于 2017 年分析确定了矿井热舒适性的最佳风速为 1.5m/s。还表明，与其他舒适性参数相比，湿度对热舒适性偏差的贡献更大。这一新方法将大大有助于管理地下矿山的热应力问题，从而提高生产力、安全和健康[7]；Krystyna 针对同一矿井的连续 20年的温度监测，实现矿区气候的重构[8]。

B　国内研究现状

我国矿井热湿环境的研究相对较晚，但研究成果比较丰富。随着矿井开采深度的不断增加，矿井高温热害已成为严重制约着深部煤炭资源有效开采的灾害之一。1976 年黄瀚文最早结合数理统计的方法，提出风温预测的研究；2004 年湖南科技大学的陈安国分析了深部矿井中产生高温高湿热害的具体原因以及对人体危害的严重程度，最后给出了相应的对策建议[9]；2008 年河南理工大学的陈胤，把井下高温热害作为研究对象，提出合理开拓的通风优化措施，来人工降温，取得了良好的效果[10]；2012 年煤炭科学研究总院的孙勇首次利用 Fluent 软件对掘进巷道的边界条件进行设定，模拟风流与设备散热的交换过程，结果表明仅靠通风方式而不采取其他联合手段难以改变高温矿井热害的现状[11]；2014 年华北科技学院的马婕介绍了某深部煤矿高温热害的原因，并提出综合热泵技术和井下制冷降温技术的综合治理技术方案，有效地解决了矿井的高温热害问题[12]；2017年中国矿业大学的牛永胜以高温热害矿井为研究对象，设计了一套综合利用水源热泵和地下冷却技术的能量回收系统，同时解决井下降温和地面供暖的需求，实现矿山的绿色可持续发展[13]。

综上所述，国内外的相关学者在高温矿井热湿环境现状的研究，大多都集中在井巷围岩的温度场分布，围岩与风流间的热交换计算，风流温度、湿度等相关热力参数方面，同时提出了多种用于计算和预测矿井热状况参数的模型和方法。高温矿井的热湿源有多种，其中围岩散热是主要原因之一，但是，由于矿井工作条件的复杂性，对于不同的井下环境，风流热力状况的变化也会呈现不同的特点。

1.2.1.2　热湿环境对人体机能的影响研究

A　国外研究现状

2006 年德国科学家 Kalkowsky 为阐明德国煤矿热作场所工作的组织框架，介绍了热作场所工作规程的主要特点，研究了该煤矿工人的生理应激反应，得出高温刺激下，班次之间重新补水减少了 60% 的出汗损失[14]。2007 年 Saha 等人对 98名 23~58 岁健康井下煤矿工人进行了研究，用心率监护仪连续监测不同类别矿工心率的生理变化，结果表明：在老年劳动力不可避免地面临最大负担的情况下，矿工们的耗氧量也增加[15]。2015 年 Psikuta 在确定现有人体热生理数学模型动态控制的热假人限制时，选择了 4 个热假人，对其热流测量不确定度进行评估，包括假人身体各部分之间的横向热流，以及在使用生理模型进行控制时，各部分对典型设定点温度频繁变化的响应[16]。2014 年 Kaynaklı 研究了湿度对人体热、水平衡的影响，进而对人体温度和热感觉的影响。建立了人体与周围环境热质相互作用的数学模型，利用表达热调节控制机理的经验关系，考察了不同相对湿度水平下空气湿度的影响[17]。2010 年 Kim 等研究重点检查头皮的皮肤温度，枕部的湿度，其他地方皮肤温度，直肠温度，在热中性环境中由发型引起的全身质量损失[18]。2011 年 Foda 报告了在不同室内条件和暴露时间下基于实验室的局部皮肤温度测量。这些测量旨在调查由于阶跃变化而引起的人体反应，并检查在同一受试者的不同持续时间测试中的变异性，以及在不同条件下保持生理稳定状态[19]；2010 年 Braga 等人通过热人体模型测试不同的非有源医疗设备来模拟人体的生理反应，比较使用干式人体模型进行客观评估时的隔热值与使用红外热像仪 ThermaCAM 获得的结果的比较[20]。

B 国内研究现状

2003 年清华大学的田园媛等人对某矿井高温环境作业的矿工发放调查问卷，分析后得出了风速、相对湿度等因素在热湿环境中对矿工的主热舒适性的关系，通过测试数据回归出热环境下矿工的热应激反应规律[21]。2006 年天津大学的朱能等人通过对某高热害煤矿的极端热环境进行监测，分析了高热矿井的环境状况，并对人体耐受力参数区域的差异性进行研究[22]。2009 年湖南科技大学的向立平模拟了不同温度和风速下矿井下的热环境，根据热舒适性评价指标进行评价，研究结果表明气温在 28℃ 以下，风速为 1.0m/s 时可以满足矿工热舒适要求[23]。同年同一团队的王从陆指出增加矿井热环境中的风量并不能解决对人体的热损害问题，并且平均热感觉指数（PMV）、热应力指数和环境有效温度不足以评价矿井热环境中的矿工，建议对矿工的热舒适问题进行进一步研究[24]。2009 年天津大学的陈颖总结了不同热环境下人的应激反应，并使用问卷调查法和模糊分析法分析矿工的应激反应，从而获得了评价人体热应激反应的综合指标，最后着眼于极端环境下的矿工安全行为研究[25]。2012 年黄华良对人体热平衡关系、热敏感指标和常见热害病进行了研究，提出了预防热害病的几种方法[26]。2013 年中南大学的游波等人通过对高温环境进行模拟，并结合模型数据构建多元线性回归预测模型，给出了温度对人体生理指标的定量关系。研究结果表明，温度对反应速度和人体体温的影响较小，对血压、注意力、心率等指标的影响较大[27]。2015 年中国矿业大学（北京）的吴建松等人为了建立热应激反应和矿工生理反应直接的计算模型，采用暖体出汗假人和热湿的环境舱对工作服的热湿阻进行定量测定。实验结果表明在温度低于 28℃ 且 90% 以下湿度的环境，可以通过加大风速来增加矿工的暴露时间[28]；2015 年华北科技学院的张超等人通过模拟高温高湿环境，要求受试者进行相应劳动强度的运动，通过测试心率计算得出的心血管负荷可以用来衡量劳动强度[29]。

综上所述，国内外学者对热湿环境人体机能的研究大多集中在高温对人体生理的影响，而对人体生理、心理及行为反应与环境因素、工作时间的关系尚未得到很好的研究。此外，关于温度、湿度和风速是否会叠加或补偿人体的机能反应，没有太多的研究或讨论。本书将针对上述问题，梳理出矿工身体机能与高温环境之间的关系，并为矿工在热湿环境下感知人体机能反应提供了基础。

1.2.1.3　热湿环境对作业效率的影响研究

A　国外研究现状

1985 年 Alber 通过设计了一种可以在工作期间连续确定蒸发和滴水的汗液速率的方法。通过对 6 名男子在 3 种不同的工作量和 3 种湿度下用自行车测功机工作进行实验，验证在炎热潮湿的环境中工作的无适应能力的人的汗水蒸发效率[30]。Chan 为了确定在炎热潮湿的环境中工作后筋疲力尽的建筑钢筋工人的最佳恢复时间，在 2011 年 7 月至 8 月的 14 个工作日内，共收集了 411 套气象和生理数据，以得出最佳恢复时间。结果发现，平均而言，螺纹钢工人在 40 分钟内可达到 94% 的恢复率，35 分钟内达到 93%，30 分钟内达到 92%，25 分钟内达到 88%，20 分钟内达到 84%，15 分钟内达到 78%，10 分钟内达到 68%，5 分钟内达到 58%。曲线估计结果表明，恢复时间是预测恢复率的重要变量（$R_2 = 0.99$，$P < 0.05$）。在极端炎热的天气下，应在工作之间增加额外的休息时间，以使工人从热压力中恢复过来[31]。Tsutsumia 建造了一个气候箱来模拟炎热和潮湿的环境，获得了与温度和相对湿度有关的生理参数的多元回归，并证明了温度和相对湿度对人体生理反应的综合影响。量化组合效应、温度效应和湿度效应的值，然后添加功效应。最后，考虑到温度和相对湿度的综合影响，采用空气的焓值来全面反映这两个环境因素的影响，研究有助于人们更好地了解环境和工作强度对人体劳损的影响[32]。2015 年 Heather 通过对不同年龄和风速对注意力和信息处理的影响，发现年龄和风速的变化并没有显著减少注意力和信息处理能力[33]；Ahmad 通过对实地走访调查得出，不同工作类型的员工对高温环境下作业效率的反应不一样，并结合数据给出了预测模型[34]。

B　国内研究现状

2007 年天津大学的吕石磊等人通过人工模拟温湿环境舱实验，对数据进行主客观评价分析，结果表明口腔温度达到 38℃ 以上同时失水率超过了 1% 时，会出现人体的忍耐极限，通过实验提出了人体安全暴露的生理指标范围[35]。2010

年东华大学的余娟联合清华大学等人分析和调查人的生理指标变化对热湿环境下
工作效率的影响，并提出一种利用生理指标研究人的热舒适性和工作效率变化的
方法[36]。2011年薛丽萍等人结合晓南煤矿机掘工作面的具体条件，对影响降尘
效率的一些因素，包括雾粒粒度、喷雾压力、喷雾流量等，进行了深入分析，设
计出了比较高效的喷雾降尘系统，比传统的降尘效率提高10%以上[37]。2012年
河南理工大学的景国勋等人以平顶山某矿井两个综掘工作面为对象，通过问卷调
查和综合评分的形式对工作面进行了光照环境质量评价，确立其环境等级并提出
改善措施[38]。2012年吴兆吉通过对梅花井煤矿高温热害的分析，利用非机械制
冷和机械制冷降温技术组合应用的方式进行热害治理，取得了良好的实际效
果[39]；2013年中国矿业大学的刘树伦等人为了分析井下环境对矿工的影响，选
择了一些矿井中比较容易获取的参数进行现场测量，并结合调查问卷的形式对不
同岗位人员进行走访，得出影响井下作业人员身心健康的最主要因素就是高温，
其次再是光照和粉尘，其中对环境影响最敏感的是采煤作业人员[40]。2014年华
北科技学院的马辉等人为了制定高温高湿环境下的矿工身心反应规范，采用环境
模拟试验研究法，观察受试者在不同环境和工作强度下的反应时间，得出随时间
变化的规律[41]。2015年张景钢等人通过对60矿工的测试，研究矿工工作效率的
变化规律。结果是在热湿条件下工作会使矿工更加疲劳，并大大增加了动作出错
的可能性[42]。2015年山东科技大学的常德化等人针对高温矿井中皮带工这一特
定的工作场景，分析其热源并探讨了高温环境对皮带工的工作效率影响，提出用
一种以涡流管为主的隔热帐篷对工作环境进行改善，提高了工作效率[43]。2018
年中南大学的杜亚娜深入系统地从人员工作效率的衡量指标、人员热适应、工作
任务类型、工作环境暴露时间四个方面分析和探讨热环境对人员工作效率的影
响[44]。2018年马坡通过分析研究造成北七采区的环境因素及热害的影响，得出
当环境温度在27~32℃时，会降低局部用力工作效率[45]。2019年昆明理工大学
的史偲岑等人结合认知心理学与生理学的相关理论，采用主观评价与生理评价相
结合的方法，分析不同照度环境下工作效率的关系[46]。2019年刘合通过总结不
同学者对热湿环境与劳动效率之间关系的研究，分析不同结论之间产生的原因，
得出最高工作效率对应的温度范围一般在20~26℃之间[47]。

　　综上所述，对于热湿环境下人体机能的改变与劳动效率之间的关系研究较
少，且多数为生理指标与劳动效率的关系，但劳动效率与人体行为指标的关系更
为明显。所研究的都是稳态的环境，对于温湿度渐变等动态热湿环境的研究较
少。基于此，本书在前三章中，采用多因子方差分析法，得到主要的劳动效率评
价指标。根据生理、心理指标分别对行为指标的影响制定了计算公式。拟结合高
温矿井现场测定数据，结合各机能指标与环境的关系，得到热湿环境与劳动效率
的关系。

以 CNKI 的数据库检索为例，检索条件：（主题＝高温矿井或者矿井热害　题名＝高温矿井或者 v_ subject＝中英文扩展（高温矿井，中英文对照））（模糊匹配）；数据库：文献，跨库检索。词频共引分析和年发文量如图 1-2 所示。

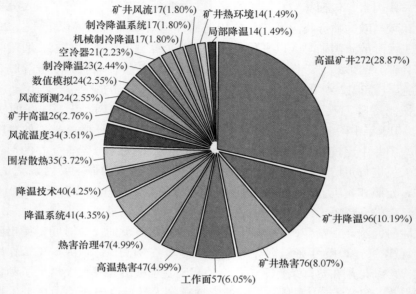

矿井风流17(1.80%)　矿井热环境14(1.49%)
制冷降温系统17(1.80%)　局部降温14(1.49%)
机械制冷降温17(1.80%)
空冷器21(2.23%)　　　　　　　　高温矿井272(28.87%)
制冷降温23(2.44%)
数值模拟24(2.55%)
风流预测24(2.55%)
矿井高温26(2.76%)
风流温度34(3.61%)
围岩散热35(3.72%)
降温技术40(4.25%)
降温系统41(4.35%)　　　　　　　矿井降温96(10.19%)
热害治理47(4.99%)
高温热害47(4.99%)　　　　矿井热害76(8.07%)
工作面57(6.05%)

图 1-2　高温矿井文献关键词比率

通过对研究高温矿井热湿环境及其影响相关文献的回顾与分析，可以发现研究方法多为环境舱模拟，研究数据分析方法比较简单，对于热湿环境下生理机能的改变及影响程度缺少相应的量化研究，而且多基于稳态环境，对于井下温度渐变等动态热湿环境的研究较少。

1.2.2　高温矿井的热害治理研究

虽然在高温矿井热湿环境对生理的影响方面研究得较晚，但是在矿井热害的治理方面却研究了 100 多年。经过国内外众多科研人员的不懈努力，矿井热害治理方面的研究已经取得了丰硕的成果，目前形成了以人工制冷降温和非人工制冷降温为主的两大类。其中，人工制冷降温主要指的是水冷、压缩空气制冷、冰冷等等；而非人工制冷降温指的是通风、个体防护等。

1.2.2.1　高温矿井的制冷降温方法研究

　　A　国外研究现状

相比人工制冷降温，非人工制冷降温更早被应用在高温矿井热害治理中。美国的 Comstock Lode 于 1860 年就将冰块运送到高温的采矿工作面来实现物理降温，这是最早有记录的非人工制冷降温研究。而最早的人工制冷降温技术在矿井降温中的应用要追溯到 1923 年的巴西 Morro Velno，该矿山通过在地面建立大型制冷基站，为井下输送冷风，实现了高温矿井的人工制冷降温。1996 年，Perederiǐ 通过将通风时间增加，以使每高于 MAL 的温度每升高一个温度，其基本水平就比基本水平高大约两倍，就可以将井下温度的功能状态维持在适当的水平[48]。2006 年，Veil 将多余的水源（地下煤矿中积累的地下水）用于发电设备的冷却和工艺用水的机会的初步信息[49]。2007 年，Olivier 对井下光滑的 18 度螺旋微翅片和人字形管内的制冷剂冷凝过程中的流态、压降和传热系数进行研究，结果表明，对于三种制冷剂，平均从环形流到间歇流的过渡过程是：光滑管的蒸汽质量为 0.49，螺旋微翅片管的蒸汽质量为 0.29，人字形管的蒸汽质量为 0.26[50]；2012 年 Zhang 通过分析热损伤特征，采用冷却技术，将排雷作为冷源，控制热害。通过用作载体的循环水将来自工作场所的交换热源带到地面加热，结果表明，该技术的设计理念包括保护环境和减少有害气体的排放。能够将工作场所的温度降低到 26~29℃，比原来的温度低 4~6℃，相对湿度比以前低 5%~15%。极大地改善了高温高湿热害持续较长时间的工作场所的工作环境[51]。2013 年，Schutte 分析制冷系统在运行条件低于最大热负荷时维持温度安全屏障减少流量转化为节能，通过在恒定边界条件下实施各种策略来实现节能，这些策略的实施可以提高矿井冷却系统的利用率和性能[52]。2016 年，Kamyar 认为在方法、设备以及人力资源政策方面，采矿业在过去 20 年经历了巨大的变化，能源成本的飙升也鼓励矿井通风设计者寻求有效利用能源和优化策略的方法，以合理的成本提供健康的工作环境[53]。图 1-3 所示为高温矿井局部通风机及制冷降温的空冷器。

局部通风机　　　　　　　　　　　　空冷器

图 1-3　高温矿井通风及制冷降温相关设备

B   国内研究现状

随着高温热害对矿山危害的凸显，我国研究人员对于西安科技大学的高温矿井的降温降湿研究也越来越重视，并做了大量的工作。西安科技大学的李艳军通过对矿井热害的来源进行分析，提出富有针对性的建议，并就适宜的井下作业环境和矿工身心健康的关系进行研究[54]。2009 年，谢中强通过增加风量改变矿井的通风方式以及对井下热水进行综合治理等措施，探讨了非机械降温技术的效果[55]。2013 年，中国矿业大学的张连昆通过对国内外矿井热害治理的研究总结的基础上，对不同的热害治理办法及效果进行了归纳，并且提出了一种极细雾粒相变吸热的降温手段，通过 FLUENT 模拟后说明其降温效果良好[56]。2015 年，郭念波针对某煤矿高温热害问题，通过在井下安装集中制冷装置和井口安装地面压缩式冷水机组，进行综合降温治理，取得了良好的效果[57]。2018 年，本书作者为了解决深部矿井的高温热害问题，提出了矿井主要热源的产生以及热源散热量的计算方法，改进了一种以地下矿井水源作为冷源的水源热泵降温方案，这不仅极大程度上提高了井下降温的效率，也实现了矿区可持续发展[58]。

1.2.2.2   高温矿井的通风调控研究

矿井通风系统的作用如人体的呼吸系统，向井下供新风并向井外排弃污风，井下环境空气质量及井下矿工呼吸安全密切相关，需要通过矿井通风系统的有效运转及动态调控才能保证。

A   国外研究现状

高温矿井的通风调控研究在国外经历了漫长的历史。最早提出矿井风压与风速直接关系且推导出矿井的通风阻力公式的是美国学者 J. J. Atkinson。后来通过对南非某金矿的大量现场试验，A. LackS 提出了高温矿井再循环通风法；GeoMeM 公司开发了 Ventsim 三维通风动态仿真模拟系统。S. A. Kozyrev 通过使用遗传方法的角度应用的讨论现代数学方法来分析在设计阶段替代通风系统汇报井下通风系统的自动化设计规划升级的研究成果[59]。Euler De Souza 基于 3D-CAN-VENT 矿井通风模拟，能够预测在通风网络风流分布在地下环境和通风控制改变[60]。

B   国内研究现状

高温矿井通风系统是一个非常复杂的、受多种因素影响的非线性系统[61]。张亚明、何水清等以适应性修正后的通风关键参数为基础，基于 ventsim 软件搭建了通风系统的三维可视化模型和网络实时解算平台，设计了 4 种可行的通风方案并完成了各方案的通风效果解算与模拟[62]。王洪梁等基于矿井通风系统选择压入式通风方式，采用人工增压和局部增压技术、调整巷道通风阻力、提高矿井内部空气压力以改善生产劳动环境[63]。王海宁在大型复杂矿井通风系统的共性问题分析及优化改造实践中提出从井下通风系统的通风网络布局的、通风构筑物的、通风设备风机选型等方面对通风系统进行改造实践[64]。徐竹云等建立了矿井通风网络全局改造设计的非线性规划模型，研究了包括一般型分风网络在内的约束条件，并按所建模型编制了通风网络优化改造计算软件。在多级机站通风方法研究中，尤其是在一些难以设置二级基站的运输巷道内，多级机站通风方法难以适用[65]。在井下通风设备风机研究方面，近年来硐室性风机机站的成功应用，为推广多级机站通风方法奠定了良好的基础。通过采用变频 PLC 控制离心通风机的转速，韩望月对井下气压实现了自主控制，提高井下通风效率与安全性。在矿井通风网络解算程序研究方面，抚顺煤炭研究所、中国矿业大学、河南理工大学、辽宁工程技术大学等多所高校科研院所进行了大量的工作，并开发了许多矿井通风网络分析软件，取得了丰硕的成果。

1.2.2.3 高温矿井的可控循环通风研究

国内外可控循环通风方面的主要研究及成果[66~73]见表 1-1。

表 1-1 可控循环通风主要研究

时间和地点	研 究 结 论
1964 年，英国	工作面污染物的浓度只与工作面污染物的产生强度和进入工作面的新鲜风量有关，而与循环风量的大小无关
1971~1974 年，英国	采取循环通风，入回风侧超前巷道中的粉尘浓度均显著降低；当煤岩层原始温度在 30℃ 以内，采用可控循环通风就能改善采区内的气候条件；而当煤岩层原始温度超过 40℃ 时，在循环横巷中加置内喷水冷却器，就可大大改善采区气候条件，在降尘降温方面也有很好的效果
1982 年，南非劳瑞因金矿	循环风系统使原有的制冷能力得到了充分的发挥，采区的作业温度显著降低；循环风本身不会导致污染物的逐渐聚集，因此也不会引起污染物浓度的提高；循环风不会延长爆破后工人进入采区的时间，爆破污染物的消散速度主要取决于入风量的大小
1985~1986 年，加拿大铜锌矿	应用循环通风方案，矿井空气质量完全符合质量标准，可重复利用其回风流中的热量，从而使空气预热费用大大降低，而且还能使回风巷中的 CO、CO_2 和粉尘浓度各下降 50% 左右
1987 年，美国/澳大利亚	南沃尔斯大学矿业学校研究接力式串联风机的循环风，指出了循环风用于局部通风的优点，接力式串联风机的循环风是实用的。澳大利亚昆士兰大学的实验室进行了可控循环风的实验，并对循环风的经济理论进行了研究，说明了可控循环风在经济上的可行性
20 世纪 90 年代，中国	青城子选矿厂使用可控循环通风与除尘净化相结合的技术后，解决了冬季防寒与防尘的矛盾。云锡矿使用循环通风，可在 10min 内把作业面含氡子体浓度很高的空气净化成符合卫生标准的空气

时间和地点	研　究　结　论
21 世纪， 中国	桃冲铁矿在进路中安装高效除尘器和扇风机，将清洗工作面后的污风经除尘器净化后再循环使用，采用这种通风方法，降低了作业面的粉尘浓度，减少了能耗。红透山矿通过可控循环通风，改善了通风状况，降低了通风成本

综上所述，针对高温矿井热害治理问题，地表较浅的高温矿井可以通过对非人工制冷降温技术（如加强通风、隔绝热源等）进行降温治理，但对应深部高温矿井，非人工制冷降温技术效果有限，人工制冷降温的应用皆存在一定局限性，运营成本高问题也没能得以很好解决，仍需要探索高效降温方法、关键作业场所的专门降温减湿对策、深井降温联合动态补偿通风及节能通风对策、水风协同治理对策等新技术方法。

1.2.3　热湿影响理论及热害防治文献述评

综合分析上述文献研究可以看出，目前在高温矿井热湿环境及其对矿工身心影响方面，以及高温热害治理技术方面，国内外取得了一定的成果，然而仍存在不少问题，主要表现在：

（1）对高温矿井热湿环境参数的动态量化分析、影响机理研究不足。通过对相关文献的回顾与分析，发现过往研究的大多数停留于生理学意义上稳态环境的测量，针对具体行业动态热湿环境的研究较少；对高温矿井热湿环境参数来说，大多集中在高温对矿工生理的影响，而对矿工生理、心理及行为的安全影响态势耦合作用机理缺乏明确的指导性原理，理论体系也不完善。因此本书通过设计试验定量分析高温高湿环境对矿工生理、心理的影响，并分析其耦合作用机理。

（2）高温矿井热湿环境对矿工身心安全的影响态势量化评估模型不够科学。大多数高温矿井热湿对矿工身心安全的影响态势指标体系研究中，除少部分定量指标外，其余都为定性指标，因此评价主观性较强，客观性较弱。单一的数理计算方法难以够确定权重。并且专家打分时由于经验、知识等方面的差异，赋权结果受人为因素影响较大，不能反映真实的权重水平。所以本书采用集对分析和物元可拓理论定量分析高温矿井热湿环境对矿工身心安全的影响态势评估。

（3）高温矿井热害协同治理、联合治理对策的相关研究不足。国内外的相关学者多集中于深井开采矿井通风优化研究，或单一方面的降温技术研究，而针对高温矿井，将降温技术、通风动态补偿调控有效结合的相关研究相对较少，缺乏如"补偿加强通风＋局部制冷降温＋大风流湿式净化"的联合治理对策、利用井下矿坑水冷能的空冷器联合通风系统改造制冷降温对策、水风协同治理对策等的研究。本书为矿山企业改善井下工人作业环境、降低工人负荷，保障矿工的安全，提升安全绩效等方面提供科学依据。

　　基于上述分析，本书在认真总结和分析现有研究成果的基础上，拟以高温矿井井下热湿环境为研究对象，开展高温矿井井下热湿环境热源分析、热湿参数测定、热害对井下生产作业人员的身心影响、矿工在热湿环境下的安全态势、热害治理专项及协同治理对策、应用案例分析等研究工作，旨在解决或有效减少高温热害对井下生产、安全的影响。这将对丰富高温矿井热湿环境理论、高温矿井热害治理对策、高温矿井生产安全管理理论等有着重要的学术及实用价值。

1.3　本书的主要内容、技术路线及主要创新点

1.3.1　主要内容

　　深井开采中的高温高湿危害已成为重大矿井灾害之一，井下高温高湿环境严重影响了作业人员的生理状态和生产安全，已成为深井开采矿山企业亟待解决的关键问题之一。针对该问题，本书拟在对高温矿井热湿环境特征认知的基础上，研究高温矿井热湿环境对矿工安全的影响机理，借鉴国际上相关学科的最新研究成果，提出热害环境对矿工安全影响态势的智能评估方法，并结合实际提出可行的热害水风协同治理对策，以及工程案例应用研究。本书主要研究内容如下：

　　（1）高温矿井热湿环境系统分析。从对井下热湿环境的认知出发，梳理井下热湿来源及计算，基于热力学焓差计算理论提出井下热荷载反演计算模型及工作面冷负荷计算方法，通过掘进巷道温度场-风速场、运输巷道风速场增压、采掘区围岩注水降温三个数值模拟实验，揭示高温矿井热湿环境特征及热害治理的本源方向。

　　（2）高温矿井热湿环境对矿工身心安全的影响机理。首先，设计热湿环境下矿工生理、心理及行为变化测试实验，设置 23~26℃、27~30℃、31~34℃、35~38℃、39~42℃ 五个温度范围，60%~70%、70%~80%、80%~90% 三个湿度区间，0.5m/s、1.5m/s、2.5m/s 三种风速工况，对井下 50 名矿工进行了生理、心理及行为测量；其次，依据现场测定数据分析各指标在不同环境工况下的变化规律，构建高温矿井热湿环境对矿工生理、心理、行为影响的回归分析模型，基于回归分析结果实现了热湿环境对矿工身心安全的影响机理模型构建；最后，结合涌现理论计算了矿工身心安全态势影响指标的影响度及耦合关系，揭示矿工身心安全态势影响指标的耦合作用机理。

　　（3）高温矿井热湿环境对矿工身心安全影响态势评估。基于热湿环境对矿工身心安全影响指标体系，提出基于集对分析的矿工自身安全影响态势评估模型；并利用扩展的多元联系数计算矿工自身安全影响的偏联系度，将传统的三元联系数集对分析拓展为与矿工身心安全影响等级相适应的五元联系数模型，将模糊层次分析理论（FAHP）与信息熵理论（IE）结合，确定评价指标的权重，对

多元联系数不断求偏导得出矿工安全影响偏联系度的计算方法，利用偏联系度和跃迁距离综合反映矿工自身安全影响的发展趋势；最后采用物元可拓模型评定矿工身心安全态势影响等级。

（4）高温矿井热害治理及防护对策。首先，梳理高温矿井热害治理的三种人工制冷降温对策；其次，针对高温矿井通风系统，提出动态补偿冷风的降温减湿对策，针对井下采掘区提出基于大风流水幕喷淋净化的可控循环增风降温对策，针对掘进及运输作业区提出局部增压降温对策；最后，针对矿工自身，从能力上岗、作业制度、安全防护、营养及体质、应急救援、环境检测等方面提出安全防护对策措施建议。

（5）结合实例，进行 JQ 金矿的通风问题诊断，对该矿井井下矿工自身安全进行影响态势评估，制定并实施矿井通风系统优化改造及风水协同治理措施，取得明显治理效果。

在理论方面，本书基于热力学焓差计算理论提出井下热荷载反演计算模型及工作面冷负荷计算方法，基于涌现理论揭示了矿工身心安全态势影响指标的耦合作用机理，构建基于 FAHP-IE 优化集对分析的矿工身心安全影响态势评估模型，有助于丰富高温矿井热湿环境影响机理的理论体系。在应用层面，本书基于实际进行了热湿环境下矿工生理、心理及行为变化测试实验，收集的现场数据及分析结果，间接推动了矿山企业对矿工身心安全及职业健康的重视保障；本书基于工程实践，采用技术组合创新形式提出了动态补偿冷风高温矿井热害水风协同治理方法，实现高温矿井热害的有效治理。

1.3.2 技术路线

高温矿井热湿环境对矿工安全的影响机制及热害治理对策研究是涵盖矿业系统工程、环境工程、人因工程和计算机信息管理理论研究于一体开展交叉学科研究，将高温矿井热湿危害仿真及治理与矿工安全进行整合研究，构建安全评估与热害治理的解决方案。通过工程案例仿真运算及优化研究、实际矿山企业整体应用，最后获得结论和建议。全书的技术路线如图 1-4 所示。

通过技术路线图可以看出，本书首先以高温矿井热湿环境系统为出发点，以高温矿井热荷载反演计算、高温矿井热湿环境数值模拟为技术手段，全面分析高温矿井热湿环境的影响因素；其次，利用实验测试的方法，提出了基于涌现理论的高温矿井热湿环境对矿工身心安全的影响机理模型；然后，采用集对分析、模糊层次法、信息熵、物元可拓等理论构建了高温矿井热湿环境对矿工身心安全的影响态势评估；再次，利用本书调查数据资料，针对高温矿井环境和矿工自身提出了相应的高温矿井热害治理及防护对策；最后，针对某高温矿井热害治理进行实证案例研究，验证所提出的模型的可靠性。

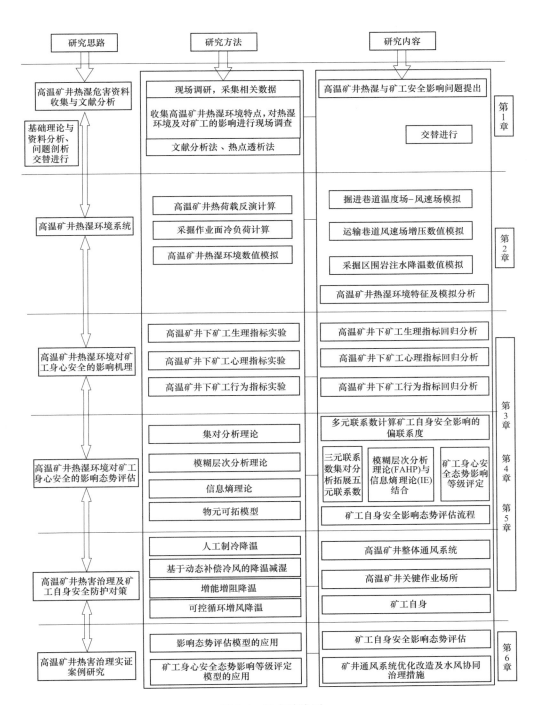

图 1-4 技术路线图

1.3.3 主要创新点

（1）构建了基于热力学焓差计算理论的井下热荷载反演计算模型。由于矿井中传热过程非常复杂，风流、气流热状态随着时间及地点动态变化，井下地温随深度也在变化，整个矿井内的热交换始终处于一个动态复杂系统中。为了科学定量分析高温矿井热湿环境，合理计算高温矿井的热荷载，本书基于热力学焓差计算理论提出了井下热荷载反演计算模型及工作面冷负荷计算方法，并通过三个数值模拟实验，揭示了高温矿井热湿环境特征及热害治理的本源方向。

（2）定量揭示了高温矿井热湿环境对矿工身心安全的影响机理。由于高温矿井热湿环境对矿工身心安全的影响指标间相互影响且彼此耦合，从涌现理论角度出发，综合使用人因数据同步采集系统进行研究，明确了矿工风险感知的影响因素，采用 DEMATEL 法得出各影响因素的中心度和原因度，确定矿工身心安全态势影响因素的耦合作用关系；运用熵权法与 G-1 法线性结合确定各因素指标的综合权重，并建立直接影响关系矩阵，定量揭示了矿工身心安全态势与各影响指标相互耦合涌现关系。

（3）提出了基于 FAHP-IE 优化集对分析的矿工身心安全影响态势评估方法。针对矿工身心安全影响事件的发生具有随机性与不确定性等特点，提出了一种基于 FAHP-IE 优化集对分析的矿工身心安全影响态势评估模型，将模糊层次分析理论（FAHP）与信息熵理论（IE）结合，确定评价指标的权重，构造扩展的多元联系数计算矿工身心安全影响的偏联系度，弱化人为因素的影响，采用五元联系数与权重结合构建风险评估模型，拓展了安全影响态势评估理论。

2 高温矿井热湿环境系统

<<<<<<<<<<<<<<<<<<<<<<<<<<<<<<<<<<<<<<<<<<<<<<<<<<<<<<<<<<

按照本书技术路线，本章主要聚焦于高温矿井井下热湿环境系统的认知及分析，进行高温矿井热湿本源分析及计算，进行高温矿井热荷载反演计算研究，针对高温矿井热湿环境关键作业场所进行仿真模拟研究。

2.1 高温矿井热湿源系统

2008 年颁发的《高温作业分级》标准中规定：在生产劳动过程中，工作环境温度超过 25℃ 的作业环境为高温环境；而在矿井生产中，采掘面的空气温度大于 30℃，机电设备硐室的空气温度大于 34℃ 为高温环境，所以参照相关规定，本书中的高温矿井指矿井内温度超过 30℃ 的矿井[74]。

矿井高温热湿环境的形成是由井下多个热源、湿源综合作用形成的，根本原因在于矿井热源所散发的热量无法及时地排出井外而聚集于矿井内，而被聚集的热量通过热传导的方式与井下环境中的空气热交换，导致井下环境温度逐步升高。矿井热湿环境的热来源包括：矿井井巷围岩散热、矿井地热水散热、开采出的矿石在地下井巷运输过程中的散热、地表高温与井下的对流传热、井下生产作业过程中的机械及电器设备散热、井下生产作业人员的人体散热、爆破作业过程产生的散热、矿石氧化散热、摩擦产生的散热、井下废气排放过程中的散热等。

2.1.1 高温矿井热源系统

2.1.1.1 井巷围岩散热

围岩散热是造成矿井内热环境恶化的重要因素之一，当矿井围岩温度与矿井内空气温度有温差时，就会产生换热。原始岩温随着地层深度的增加而呈现非线性升高，尤其是深井开采中地层岩热高于矿井风温，对井下的高温热害问题影响较大。围岩向井巷传热的途径包括岩体与井巷热传导传热、经裂隙水向井巷对流传热。通常情况下，围岩以传导方式将热传给巷壁，但当岩体向外渗流、喷水时，则对流传热变为主要方式。尤其是当水量很大且温度很高情况下，其传热量可能大于甚至超过传导方式传递的热量。

井下的高温围岩通过热传导和热对流的方式与矿井内空气进行热交换，引致矿井内空气中熔值增加，从而使矿井内空气温度升高。实践中，井巷高温围岩与巷道内空气的传热量计算采用如下公式：

$$Q_r = K_\tau UL(t_{rm} - t) \tag{2-1}$$

$$K_\tau = 1.163/(1/9.6v_B + 0.0441) \tag{2-2}$$

式中　Q_r——竖井、巷道等工程的围岩传热量，kW；

K_τ——竖井、巷道等工程围岩与风流间的不稳定换热系数，kW/$(m^2 \cdot ℃)$；

U——竖井、巷道等工程断面周长，m；

L——竖井、巷道等工程的长度，m；

t_{rm}——井巷工程所处标高的地下平均原始岩温，℃；

t——井巷中风流的平均温度，℃；

v_B——井巷中风流的平均速度，m/s。

通常情况下，地下矿井巷道围岩壁面不是完全干燥的，巷道围岩壁面存在渗水，水分的蒸发会吸收部分热量产生热湿交换，即巷道壁面水分与风流间存在潜热交换量。水与空气间潜热交换量计算公式为：

$$Q_w = \beta F k_B(p_w - p_B) \tag{2-3}$$

$$\beta = 0.0846 + 0.262v_B \tag{2-4}$$

$$k_B = \frac{101.325}{B} \tag{2-5}$$

式中　Q_w——水与风流间的潜热交换量，kW；

β——潜热交换系数，J/$(S \cdot N)$；

F——水的散热表面积，m^2；

k_B——气压修正系数；

p_w——水表面温度的饱和蒸汽压力，kPa；

p_B——空气中水蒸气分压力，kPa；

B——井下大气压力，kPa。

2.1.1.2　地下热水散热

地下水热源来自地热，包括矿井地下涌水、围岩壁面渗水、井巷顶板淋水等，地下热水通常呈现出分布较宽广、热容量较大难测、流动且不稳定的规律。对于存在地下涌水、围岩壁面渗水、井巷顶板淋水、裂隙水等情况的矿井开采区域，地下热水温度高于井巷内风流温度，其热能容易渗透到矿井工作环境，从而引致井下环境产生高温热害。尤其对深井开采的地下矿井来说，井下热水也是高温热害的重要因素之一。井下热水对井下作业环境的影响，一是通过热对流方式与井下空气热交换，二是高温热水蒸发增大井下空气含湿量，井下空气含湿量进而引致井巷内风流、气流的显热及潜热增加。

地下热水散热量计算主要基于地下热水水温及总热水量。地下热水与矿井内风流、气流间的热交换问题非常复杂，目前还没有易于实施的量化计算办法。但依据热力学理论，可以对地下井巷中的涌水量进行测定，同时对地下热水的初始温度及最终温度进行测量，进而计算出地下井巷热水放热量 Q_w(kW)，计算公式如下：

$$Q_w = M_w c_w (t_{wH} - t_{wk}) \tag{2-6}$$

式中　　M_w——地下井巷内涌水量，kg/s；

　　　　c_w——地下井巷热水比热，4.1868kJ/(kg·℃)；

　　　　t_{wH}，t_{wk}——井巷热水的初始温度及最终温度，℃。

2.1.1.3　地下井巷运输过程中的矿石散热

开采出的矿石在矿井运输过程中也有散热，导致矿井局部温度上升，该过程本质是矿井井巷围岩散热的一种，地下矿井矿石资源开采过程中，矿石温度与围岩温度基本相同，但高于矿井内风流、气流的温度，这两者直接的温度差引起的热量交换，导致矿井内温度升高。

运输过程中的矿石散热量可以近似计算为：

$$Q_k = m c_m \Delta t \tag{2-7}$$

式中　　Q_k——运输过程中的矿石散热量，kW；

　　　　m——运输的矿石量，kg/s；

　　　　c_m——矿石比热，kJ/(kg·℃)；

　　　　Δt——运输过程中的矿石温度差，℃。

在实际运算中，一般采取下式进行 Δt 的估算：

$$\Delta t = 0.0024 L^{0.8} (t_r - t_{wm}) \tag{2-8}$$

式中　　L——运输距离，m；

　　　　t_r——运输矿石的平均温度，一般比采掘过程中的原始温度低4~8℃；

　　　　t_{wm}——运输巷道中，风流的平均湿球温度，℃。

2.1.1.4　井下生产作业过程中的机械及电器设备散热

地下矿井开采、运输、辅助作业过程中皆用到大量的机械设备，尤其是采掘作业设备、竖井或斜井提升设备、运输作业设备等功率大、能耗大，必然存在设备运行放热，如凿岩机钻凿原岩过程中，部分电能转化为热能，直接引致采掘作业面温度升高。另外，一些辅助的电器设备，如通风机、排水水泵、供配电设备、照明灯具等，同样存在电能散热情况，也会导致井下环境温度的升高。

但相对于整个地下矿井的热湿来源来说，井下生产作业过程中的机械及电器设备散热几乎全部散发到流经设备安设区域的风流中。采掘机械设备消耗的电能产生的热能中，传给井下风流的热量大约80%，而该80%的热量中的75%~90%

呈现潜热形式。故井下生产作业过程中的机械及电器设备散热可用公式（2-9）进行计算：

$$Q_{cj} = 0.8 k_{cj} N_{cj} \qquad (2-9)$$

式中　　k_{cj}——井下设备运行利用率，即 24/每日实际工作时间（h）；

　　　　N_{cj}——井下机械设备功率，kW。

通过长期的统计发现，井下机械设备放热量中，15% ~ 25% 作用于矿井内风流升温。所以，由井下生产作业过程中的机械设备散热引起的矿井内风流升温可采用式（2-10）或式（2-11）计算：

$$\Delta t = 0.15 k_{cj} \frac{N_{cj}}{c_p m_w} \qquad (2-10)$$

或

$$\Delta t = 0.149 k_{cj} \frac{N_{cj}}{m_w} \qquad (2-11)$$

式中　　m_w——井下机械设备显热系数；

　　　　c_p——井下空气的定压比热容，kJ/(kg·K)，其中 K 为绝对湿度单位；

　　　　k_{cj}、N_{cj} 参数含义同式（2-9）。

对于电器设备，如电动机，其运转时的放热量 Q_E 可按式（2-12）计算：

$$Q_E = N_i (1 - \eta_E) k_t \qquad (2-12)$$

式中　　N_i——功率，kW；

　　　　η_E——工作效率；

　　　　k_t——电动机有效工作时间，即时间利用率。

2.1.1.5　井下生产作业人员的人体散热

井下生产作业人员的人体散热对井下热湿环境改变的影响作用非常微弱，但在人员密集的生产作业场所，井下生产作业人员的人体散热对局部环境温度的影响作用还是比较明显的。其热量大小和生产作业人员的劳动强度和劳动持续时间密切相关。其放热量 Q_R（kW）可采用式（2-13）计算：

$$Q_R = k_R q_R N \qquad (2-13)$$

式中　　k_R——井下生产作业人员同时作业系数，一般取 0.5 ~ 0.7；

　　　　q_R——不同劳动强度下能量代谢率，W/人；

　　　　N——作业地点的总人数。

2.1.1.6　其他热源散热

除了上述影响矿井环境温度的热源以外，还有爆破作业过程产生的散热、矿石的氧化放热、地表季节性高温风流传热等，这些热源放热都对井下热湿环境温度的变化有一些影响。尤其是当矿石含硫量较高时，其氧化放热影响很大。

开采中的矿井，巷道为非绝热状态，空气在流动过程中会受到矿井中显热和潜热的影响。开采矿井中，空气每下降100m其自身压缩产生的热量由于热交换不足而导致温度升高。相关实验表明：空气每下降100m，温度会升高0.4~0.5℃[75]。

2.1.2 高温矿井湿源系统

矿井内的湿源主要有两个：一是矿产资源开采区域地下存在自然涌水、夹层水、裂隙水、小溶洞积水等，一旦采掘活动遇到该类地下水系，矿井内水与风流热交换情况不可回避，这是引致矿井内湿度增大的主要原因之一；二是生产过程中的工业用水，井下生产活动中爆破作业、装载运输等环节都会有粉尘、炮烟、有毒有害气体的产生，为了避免粉尘等导致的尘肺职业疾病，通常会采取洒水降尘等措施，洒水或喷雾作业将会增大空气湿度，但总体上生产过程中的工业用水对矿井热湿环境湿度的改变影响很小，或仅对井下局部环境湿度有影响。

概括而言，矿井高湿度的原因在于矿井地下水丰富，矿井高温高湿环境的形成主要在于高地热或高温地下热水。

2.2 高温矿井热荷载反演计算

高温矿井的热荷载的计算问题是井下热湿环境分析的关键所在，矿井中的传热过程非常复杂，风流、气流热状态随着时间及地点动态变化，井下地温随深度也在变化。可以说，整个矿井内的热交换始终处于一个动态交换之中，具有明显的不稳定特性。参考中国矿业大学何满潮院士提出的热荷载反分析计算方法[1]，本节结合采掘工作面各个热源，重点进行热荷载反演计算。

2.2.1 热荷载反演计算原理

热荷载反演计算基本思路如下：

（1）首先测定采掘工作面空气状态参数，计算采掘工作面热荷载，分析其主要热源属于哪一类或哪几类；

（2）预测降温后采掘工作面空气状态参数（即理想的工作环境中空气状态），根据预测参数反演计算其热荷载；

（3）以预测的空气状态参数为基础，进行数值模拟，采取降温措施使空气状态达到良好效果，得到该状态下的热荷载，重新分析矿井热源，制定治理对策。

基于空调系统原理，结合热力学和传热学理论，考虑高温矿井机械通风及井下空气调节的基本过程在本质可以理解为是对井下空气的加热或冷却，可视为定压工作过程，即井下空气吸热或放热量可以通过矿井通风或调节治理的初始状态及结束状态的焓差进行计算。其焓函数等于空气内能+空气压力与空气比容的乘积：

$$i = u + pv \tag{2-14}$$

式中　i ——井下空气焓值，J/kg；

　　　u ——井下空气的内能量，J/kg；

　　　p ——井下空气的相对压力值，Pa；

　　　v ——矿井井下空气的比容，m³/kg；

把温度、压力设为独立变量，则焓函数为：

$$i = f(T \cdot p) \tag{2-15}$$

$$di = \left(\frac{\vartheta_i}{\vartheta_t}\right)_p dT + \left(\frac{\vartheta_i}{\vartheta_p}\right)_t dp \tag{2-16}$$

定压情况下，式（2-16）表示为：

$$di = c_p dT \tag{2-17}$$

即在对井下空气进行定压加热或冷却时，矿井井下空气的焓值增量等于井下空气温度增值乘以定压比热。高温矿井掘进巷道、开采作业面的热荷载反演计算就是基于该原理。

2.2.2　热荷载反演计算模型

结合实际的矿井生产系统，先测定热害治理前的井下环境参数，包括进风井口初始温度 T_A、采掘作业区温度 T_B、回风井口最终温度 T_C 等，其他如湿度、井巷断面尺寸、通风距离、各测定（如图 2-1 所示中测点标号 1，2，…，14）风速

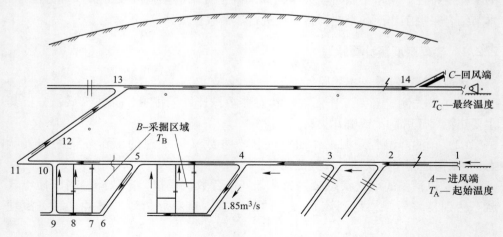

图 2-1　热荷载反演计算模型

等，这可以成为实施降温措施前的一个状态系统，记作状态系统-I。然后给定目标环境参数（即实施降温治理措施后达到的理想状态参数），此时，采掘工作区域温度记为 T'_B，对应记作状态系统-II，根据状态系统-I 逐步反演计算出状态系统-II 对应的环境参数，最后根据采掘作业区空气的焓差，计算出采掘作业区的热荷载。

（1）依据实施降温措施前的状态系统-I，设定初始条件并建立温度、湿度变化关系函数；

（2）根据实施降温措施前的状态系统-I 的各测点温度升降规律，建立温度升降预测公式，结合 A 点初始进风温度 T_A，采用温度升降预测公式计算采掘工作面 B 区域的温度，得到 B、C 区的预测温度；

（3）依据状态系统-II 中采掘工作区域温度 T'_B，状态系统-I 逐步反演计算出状态系统-II 对应的环境参数，包括各测点风量、风速、A 点及 C 点对应状态下的风流、温度参数；

（4）由状态系统-II 中 A 点及 C 点对应状态下的风流、温度参数，计算出焓差值，进而计算出采掘作业区的热荷载及制冷降温所需要的冷负荷 Q。

2.2.3 采掘作业面冷负荷计算

采掘作业面冷负荷可以采用式（2-18）计算：

$$Q = G(i_C - i_A) \tag{2-18}$$

式中　G——单位时间内矿井风流质量，kg/s；

　　　i_A——采掘作业面进风端焓值，kJ/kg；

　　　i_C——采掘作业面回风终端焓值，kJ/kg。

i_A 通过采掘作业面降温需求的进风端 A 点的温度湿度及焓值方程计算得到，i_C 通过采掘作业面降温需求的回风终端 C 点的温度湿度及焓值方程计算得到。

2.3　高温矿井热湿环境数值模拟

地下矿井包括建设阶段、生产阶段、闭坑治理阶段，各阶段重要场所主要包括开拓掘进巷道、采场等生产作业场所，提升运输井巷工程。其中，建设阶段的开拓掘进巷道通常为独头施工作业场所，该场所未形成完善的矿井通风系统，也是通风困难场所及高温灾害严重的场所。本节重点以掘进施工巷道为例，设计了 3 个实验进行数值模拟及分析。

2.3.1　实验 I——掘进巷道温度场与风速场数值模拟

2.3.1.1　物理模型及网格划分

选择某金矿井下掘进巷道为例，对巷道划分三个阶梯高度，采用 Fluent 对巷道温度场与风速场进行数值模拟。

参考该金矿井下掘进巷道的结构参数，取巷道长 25m，高 3m，风筒布置在巷道中线顶部以下 0.3m 处，风筒长 10m，风筒半径 0.15m。设计掘进巷道的三维物理模型如图 2-2 所示，图 2-2（a）为该巷道的进口横截面图，图 2-2（b）为巷道的三维模型图及内部空间显示，图 2-2（c）为巷道纵截面图。为方便计算，截取了从风筒出口至掘进巷道末端的中段平面的二维模型，利用 ICEM CFD 19.0 对模型进行网格划分，如图 2-2（d）所示。通风方式采用压入式，风筒风量初始值为 10m/s。

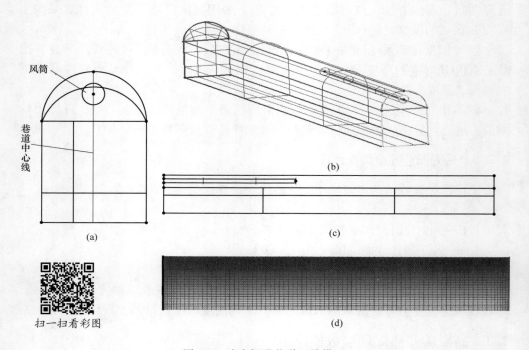

扫一扫看彩图

图 2-2　独头掘进巷道三维模型
（a）入口横截面；（b）三维模型；（c）巷道纵截面；（d）网格划分

2.3.1.2　边界条件及初始条件设置

（1）模型进口，即风筒出口设置温度 $T = 296K$（对应摄氏温度 $t = 296℃ - 273.15℃ = 22.85℃$），进口风速 $v = 10m/s$，模型进口边界即压入式局扇出风口，边界类型设置为 velcoity inlet；

（2）模型出口（巷道出口）施加压力 $p = 0$，边界条件设置为 out flow 类型；

（3）风筒壁面边界、巷道壁面边界以及巷道掘进工作面的温度分别为 300K、305K、308K；

（4）设置壁面无滑移边界条件，壁面风速各分量为 0m/s，采用标准壁面函数法。

2.3.1.3 速度场模拟

图 2-3 是矿井巷道风流速度的矢量分布图，从图中可以看出独头掘进巷道的风流结构，其主要分为射流区，回流区及涡流区。最上面区域为风筒进口，风流进入巷道后，先按照自由射流的规律沿巷道流动，之后由于壁面及掘进工作面反射，出现了与射流方向相反的流动，形成涡流，如图中间部分所示，另一部分沿巷道排出。

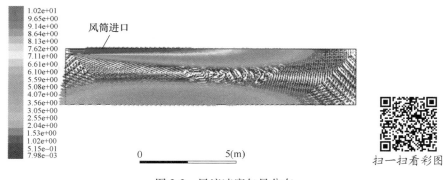

图 2-3　风流速度矢量分布

为研究巷道空间不同高度的风速分布，沿巷道阶梯方向选取了三个不同位置，高度分别为 1m、1.5m 和 2m。图 2-4 为巷道三个阶梯方向的速度分布曲线，由图可知，风筒中的风流在进入巷道后，风速先开始迅速上升，随后在巷道中间位置时风速开始下降。形成这一现象的原因是由于涡流的作用，涡流区流速较小，所以在 $y = 1.5m$ 处风速最小。

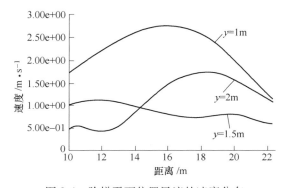

图 2-4　阶梯平面位置风流的速度分布

2.3.1.4　温度场模拟

图 2-5 为风流在巷道中不同高度位置的温度分布，选取巷道阶梯方向三个不同高度，分别为 1m、1.5m 和 2m，由图可知巷道内温度分布相对均匀。图 2-6 为风流沿巷道阶梯高度平面位置的温度分布曲线，由图可知，温度在巷道各个位置的变化整体较小，但在巷道的涡流区域温度出现极值，此位置风速较小，换气效率低，温度较高。

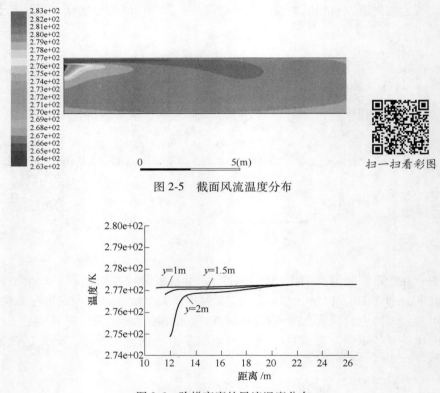

图 2-5　截面风流温度分布

扫一扫看彩图

图 2-6　阶梯高度的风流温度分布

2.3.1.5　实验结论

分析可知，对人体热舒适度影响最大的是温度和风速，其他因素对热舒适的影响较小。以某一实测工况为例，沿巷道阶梯高度平面选取部分不同位置，根据数值模拟温度场与风速场，利用 MATLAB 软件编程计算 PMV 值，并作出了巷道阶梯方向三个不同位置的分布图。由图 2-7 可知，PMV 值范围大致为 -0.6~0.6，数值基本符合人体热舒适度标准值。根据数值模拟结果，在巷道长度方向 12~

19m 区间内温度分布较均匀，速度分布矢量图显示风速较高，所以 PMV 数值偏低。动态补偿冷风对策的反馈参数主要以 $x=16m$，$y=1m$ 处的进行测量为宜。

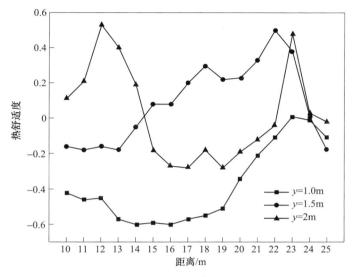

图 2-7　阶梯高度平面位置的 PMV 分布

（1）矿井井下的热舒适性受井上环境的影响较大，结合井上气象参数进行预测，拟合生成井下逐时热舒适度修正曲线，可以较为直观地反映井下工作人员在一天当中的热舒适度的变化规律；

（2）通过 CFD 数值模拟试验对井下巷道阶梯高度平面温度场与风速场进行分析，用 MATLAB 对分析出来的数据进行热舒适度拟合，生成巷道阶梯高度平面的热舒适度分布曲线，可为井下测量热舒适度数据提供参考。

2.3.2　实验 II——运输巷道增压风速场数值模拟

巷道风速场增压数值模型构建使用 ANSYS 软件的前处理软件 ICEM CFD 模块对巷道模型进行网格预划分，网格采用四边形元素，通过 File→Mesh→Load from Block 生成正交网格。

2.3.2.1　模型边界条件设定

运输巷道三维模型如图 2-8 所示，边界条件设定如图 2-9 所示，局部增压空气幕选型及安装位置见表 2-1。

边界条件设定：通过增能调节后，将参考压力设为 67839Pa。对模型设置 8 个边界条件的设置如图 2-9 所示，壁面设置为无滑移墙壁。巷道进口 velocity-inlet 为速度进口，初始风速设为 0.17m/s，湍流强度设为 5，水力直径为 0.75。运输

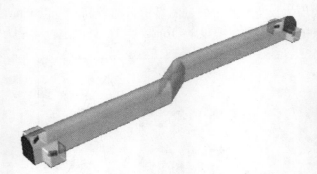

扫一扫看彩图

图 2-8   运输巷道三维模型

巷道两端增设 4 台空气幕，进口风速设为 30m/s。巷道出口选择 outflow 自由出流。

```
▲ ▮▸ Boundary Conditions
    ▮▸ dao (wall, id = 11)
    ▮▸ hangdao-inlet (velocity-inlet, id = 5)
    ▮▸ interior-hangdao (interior, id = 1)
    ▮▸ kongqimu-inlet1 (velocity-inlet, id...
    ▮▸ kongqimu-inlet2 (velocity-inlet, id...
    ▮▸ kongqimu-inlet3 (velocity-inlet, id...
    ▮▸ kongqimu-inlet4 (velocity-inlet, id...
    ▮▸ outlet (outflow, id = 6)
```

图 2-9   模型边界条件设定

表 2-1   局部增压空气幕选型及安装位置

安装位置	型号	出口尺寸	数量	叶片角度	类型
采掘巷道入口	K45-6-No. 11	2. 0×0. 45	2	30°	引射型
采掘巷道出口	K45-6-No. 12	2. 4×0. 39	2	30°	增阻型

求解方法分为两步骤进行：一是压力速度耦合法，基于 SIMPLE 采用压力和速度之间的相互校正关系来强制质量守恒并获取压力场；二是控制方程的离散格式，在 Gradient 部分选择基于单元的最小二乘法采用二阶可插值格式，松弛因子设为 0. 3、残差因子设为 0. 001 进行压力插值，以保证曲线达到 0. 001 以下时收敛。

2. 3. 2. 2   模型收敛性验证

模型的松弛因子设为 0. 001，对该模型进行初始化计算可以得到其收敛曲线。由图 2-10 可知该模型收敛值均在 0. 001 以下，满足收敛要求，模型符合模拟要求。流线图分析如图 2-11 所示。

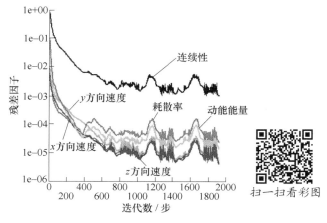

图 2-10 增压模型收敛曲线

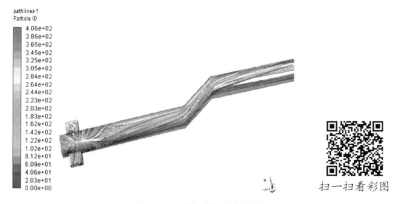

图 2-11 增压模型流线图

如图 2-11 所示，由于空气幕风机引射的风流在运输巷道入口处与巷道原有风流交汇，造成入口处的风流相对紊乱，进入巷道后受到空气幕风机作用，巷道内的风流趋于平稳流动。

速度云图分析如图 2-12 所示。压力云图分析如图 2-13 所示。

为便于直观地分析运输区内流场的速度分布，选取两个纵切面，如图 2-13 所示，出入口处由于空气幕与巷道风流的叠加，速度达到最大值，运输巷道内部流速较为稳定，达到 1.83m/s，风速符合井下通风要求。

图 2-13 矿用空气幕增压模型压力云图直观地展示了数值模拟分析后运输巷道压力的分布情况，运输巷道入口处压力云图显示绿色，压力均值为 67936Pa；从距入口 2m 处开始，巷道内气压开始明显增加，压力云图呈现黄色，能够达到 68273Pa；在巷道出口处，压力云图呈浅蓝色，压力均值为 67839Pa。在满足巷道风速要求的前提下，矿用空气幕增压显著提高了运输作业区的风压值。

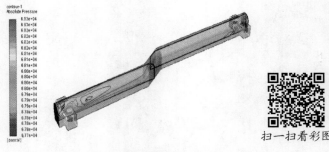

扫一扫看彩图

图 2-12　增压模型速度云图

扫一扫看彩图

图 2-13　增压模型压力云图

2.3.2.3　实验结论

通过模拟仿真可知，运输作业区气压由调控前的 63835Pa 增加至 68273Pa，其调控前后的运输作业区气压及氧分压情况见表 2-2，能够满足矿井的正常作业要求，运输作业区的通风效果明显得到改善。

表 2-2　仿真模型调控效果

实施情况	作业面气压/Pa	氧分压/Pa	风量/m³·s⁻¹
仿真前	63835	12040	3.18
仿真后	68273	14213	8.15

2.3.3　实验Ⅲ——采掘区围岩注水降温数值模拟

基于井下围岩进行预先水力压裂注水降温对策，采用 Fluent 软件对围岩注水降温模型实现仿真模拟，并确定最佳降温参数。

2.3.3.1　物理模型的建立

本文选取长×宽×高为 150m×30m×25m 的围岩体区域，中部为采切工程，直墙高 2.5m，拱高为 2m，巷道底板距围岩底部 3m，巷道断面为半圆拱形、断面高度为 4.5m，测量该区域围岩初温为 320K。

为简化计算，仅对岩体部分进行耦合分析，略去注水井和取水井，物理模型如图 2-14 所示，冷水从模型左侧岩壁注入，在左侧岩壁共有 25 个注水孔，由注水井向其注水。采用 Geometry 创建几何模型—网格划分—导入至 Fluent 进行边界条件的设定并求解。

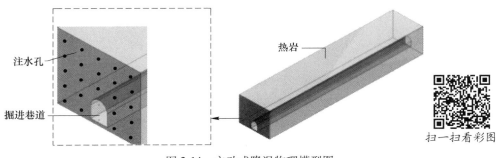

注水孔

热岩

掘进巷道

扫一扫看彩图

图 2-14　主动式降温物理模型图

2.3.3.2　基本参数设置

首先对该模型做基本的假设：（1）流体不可压缩；（2）水为恒速注入，方向不变；（3）忽略围岩自身热辐射对该降温系统的影响；（4）忽略流体与围岩交界处的热阻。其基本参数设置见表 2-3。

表 2-3　基本参数设置

参　数	物理意义	数　值
ρ_s	热岩密度	2750kg/m³
c_s	热岩比热容	0.89kJ/(kg·K)
λ_s	岩石导热系数	2.2 W/(m·K)
c_f	注入水的比热容	4200J/(kg·K)

2.3.3.3　边界条件设置

模型的边界条件及初始条件设置如下：

（1）围岩体条件。设为多孔介质区域，壁面无滑移，孔隙率分别为 0.06，

0.12, 0.18。岩体密度为 2750kg/m³，比热为 0.89kJ/(kg·K)；

（2）进出口及壁面边界条件。入口边界水流速分别为 0.8m/s、1.1m/s、1.4m/s，注水温度为 15℃；巷道围岩壁面定义材料为砂岩，温度设为 320K。

（3）模型网格划分。采用全四面体网格，网格单元数为 5731575，节点数为1001791。研究不同条件下纵横截面温度场的变化情况，如图 2-15 和图 2-16所示。

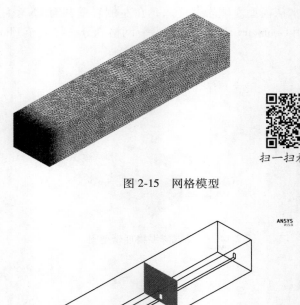

扫一扫看彩图

图 2-15　网格模型

图 2-16　同一孔隙率情况下截面模型

2.3.3.4　注水速度对降温效果的影响分析

同一孔隙率情况下，如设定孔隙率稳定为 0.12，改变入口的水速为 0.8m/s、1.1m/s、1.4m/s，得到不同速度下截面温度场云图，如图 2-17 所示。

从不同速度下截面温度场云图可以看出，各围岩截面温度场呈对称分布，当入口水速为 0.8m/s 时，截面平均温度为 317.8K，截面温差为 6.337K，流场截面的温度分布降温效果不是特别好，高温区域分布明显，随着水速的增大，流场降温效果明显。速度增大后，截面上半区域温度降低，并逐步变均匀；速度1.1m/s 时截面平均温度为 316.3K，截面温差为 8.892K；速度 1.4m/s 时，截面

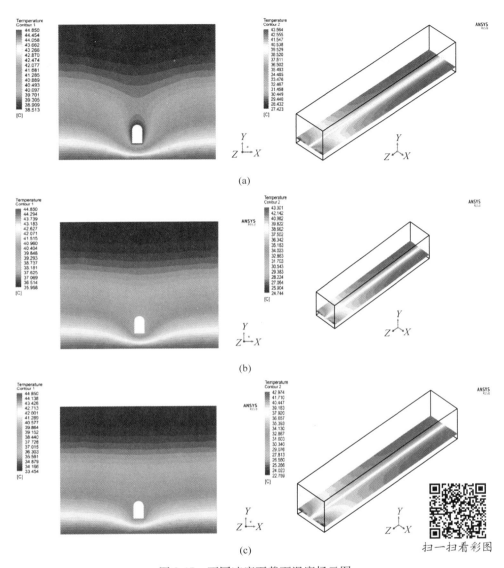

(a)

(b)

(c)

扫一扫看彩图

图 2-17　不同速度下截面温度场云图

（a）0.8m/s 时截面温度分布云图；（b）1.1m/s 时截面温度分布云图；（c）1.4m/s 时截面温度分布云图

平均温度为 315.6K，截面温差为 11.396K。

如图 2-18（a）所示，建立沿 z 轴即裂缝方向的直线，得到上述三种速度情况下沿该曲线的温度分布曲线，如图 2-18（b）所示，注水口至出口的对应横坐标为 $0 \sim -150$m，在不同注水速度下沿 $x=0$，$y=0$，$z=0 \sim -150$m，可以看出注水速度越大，同一位置对应的曲线越向下，其围岩降温效果越好。注水速度一定，

沿该曲线在入口 $z=0\sim-20$m 处，围岩温度较低、降温较快，这是由于冷水与热岩有较好的接触换热，冷水能迅速带走热岩热量。在 $z=-60\sim-20$m 处，水与热岩换热较充分，所以围岩体的降温幅度有所增加。在 $z=-150\sim-60$m 处，随着注水温度的不断增加，与围岩热交换幅度逐渐减小，该区域围岩降温幅度有所减小。但在不同的注水速度下，注水均能与温度高的围岩体进行一定程度的热交换并起到降温效果，且注水速度越大，降温效果越好。

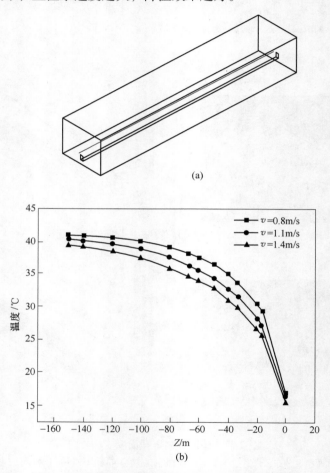

图 2-18　沿裂隙方向不同注水速度下温度分布规律
（a）沿裂隙方向的注水孔；（b）不同注水速度下温度分布曲线

2.3.3.5　孔隙率对降温效果的影响分析

同一速度（1.4m/s）情况下，改变孔隙率分别为 0.06、0.18，得到图 2-19所示结果。

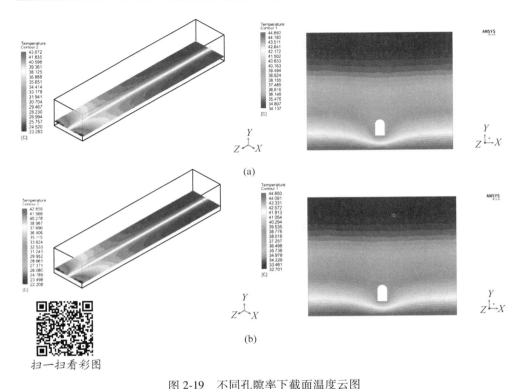

扫一扫看彩图

图 2-19 不同孔隙率下截面温度云图

（a）孔隙率 0.06 时截面温度分布云图；（b）孔隙率 0.18 时截面温度分布云图

由此可知，当孔隙率改变时，从云图来看的话，变化不是特别明显，但是从曲线来看还是有差别的：孔隙率为 0.06 时，截面平均温度为 316.2K，截面温差为 10.713K；孔隙率为 0.12 时，截面平均温度为 315.6K，截面温差为 11.396K；孔隙率为 0.18 时，截面平均温度为 315.1K，截面温差为 12.149K。

这三种情况同样沿 $x=0$，$y=0$，$z=0\sim-150$ 直线得到温度分布曲线图，如图 2-20 所示。由图可知，当空隙率为 0.06 时曲线位于曲线图最上方，与孔隙率 0.12、0.18 相比，降温效果较弱。当孔隙率一定，沿 z 轴方向其降温过程大致为 2 个阶段，分别是 $z=0\sim-20m$、$z=-150\sim-20m$。在第一阶段孔隙率起主要作用，孔隙率越大，与岩体接触面积就越大，降温明显。第二阶段，随着水与岩体充分换热，注入水带走围岩热量的能力逐渐降低，由图 2-20 可知，曲线在第二阶段斜率趋于平缓。总体说来，孔隙率对注水降温还是有一定影响，孔隙率越大，其降温效果越明显。

2.3.3.6 实验结论

仿真结果表明，合理的注水速度，适宜的裂缝孔隙率，对降温效果影响很

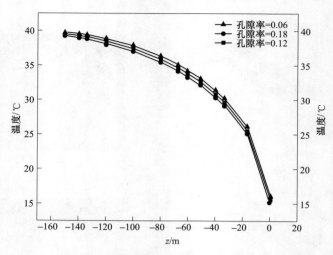

图 2-20　沿裂隙方向不同孔隙率下温度分布曲线图

大。（1）在孔隙率一定的条件下，围岩的降温效果随注水速度的增加而提高。当注水速度为 0.8m/s 时，截面平均温度为 317.8K；当注水速度为 1.4m/s 时，截面平均温度为 315.6K，较原始岩温 320K 均有明显的降温效果。同时，注水速度由 0.8m/s 提高至 1.4m/s 时，截面温度降低了近 2℃，由此可知，在满足设备基本性能及成本要求的前提下，尽可能提高注水速度可以起到良好的降温效果。（2）在注水速度一定的条件下，围岩的降温效果随裂缝孔隙率的增加而提高。当孔隙率为 0.06 时，截面平均温度为 316.2K；当孔隙率为 0.18 时，截面平均温度为 315.1K，较原始岩温 320K 也有明显的降温效果。可以看出当孔隙率由 0.06 提高至 0.18 时两者的温差近 1℃，所以，孔隙率的增加也能起到一定的降温效果。（3）在矿井注水降温时，在技术允许、成本满足的情况下，尽可能增大注水速度，提高岩石致裂孔隙率。

2.4　本章小结

　　本章聚焦于高温矿井井下热湿环境系统分析及仿真模拟。（1）对高温矿井定义进行了界定，针对矿井内的热源方面，分别从矿井井巷围岩散热、矿井地热水散热、开采出的矿石在地下井巷运输过程中的散热、地表高温与井下的对流传热、井下生产作业过程中的机械及电器设备散热、井下生产作业人员的人体散热、爆破作业过程产生的散热、矿石氧化散热、摩擦产生的散热、井下废气排放过程中的散热等方面进行了分析及计算，从地下自然涌水和工业用水两方面进行了湿源分析。（2）构建了高温矿井热荷载反演计算模型。（3）对高温矿井热湿环境设计了掘进巷道温度场-风速场模拟、运输巷道风速场增压数值模拟、采掘区围岩注水降温数值模拟 3 个实验。

3 高温矿井热湿环境对矿工身心安全的影响机理

<<<<<<<<<<<<<<<<<<<<<<<<<<<<<<<<<<<<<<<<<<<<<<<<<<<<<<<<<<<<<<

本章在第 2 章对高温矿井热湿环境特征分析及热湿环境主要作业场所模拟分析的基础上，设计热湿环境对矿工身心影响的测试实验，依据数据进行高温矿井热湿环境对矿工身心安全的影响机理以及影响指标间耦合作用关系研究。

3.1 热湿环境对矿工身心影响的测试实验设计

本实验的目的是通过井下热湿现场，测定井下热湿环境对矿工生理、心理及行为的影响参数。实验依据矿井职业危害防治管理规定，并参照矿井高温高湿职业危害及其临界预防点指标。生理影响方面进行测量矿工身体核心温度、皮肤温度、心率、血压、出汗量和新陈代谢率等生理数据；心理变化方面进行调查矿工的热感觉、湿感觉以及主客观测定疲劳程度，分析矿工心理的变化趋势；行为变化方面，进行软件测试矿工反应力、注意力、臂力等行为特征，分析各行为特征的变化趋势。

3.1.1 测试方法

在不同的热湿环境参数下，通过特定的仪器设备测定矿工的生理指标，主观评定法调查矿工的心理指标，软件测试和体力活动测定矿工的行为特征。

3.1.2 测定仪器配置

人体生理指标有核心温度、皮肤温度、心率、血压、出汗量和新陈代谢率。所需仪器设备如表 3-1 所示。图 3-1 为测量仪器。

表 3-1 生理指标测量仪器设备

生理指标	仪器	型 号	范围	精度
核心温度	电子体温计	欧姆龙 MC-341	32.0~42.0℃	±0.1℃
皮肤温度	红外温度计	HT-820	0.0~100.0℃	±0.3℃
心率	智能手环	华为手环 3Pro	40~220 次/min	±1 次/min
血压	电子血压计	欧姆龙 HEM-7112	0~299mmHg❶	±3mmHg
出汗量	纱布、天平	10cm×10cm 纱布	0~100.0g	±0.1g
新陈代谢率	肺通气量仪	FT-01 型、上海友声 TCS150	0~150kg	±10g

----

❶ 血压常用单位为 mmHg，1mmHg = 1.33322×10^2Pa。

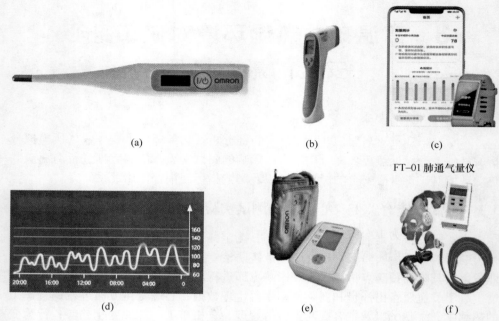

图 3-1　测量仪器

（a）欧姆龙 MC-341 电子体温计图；（b）HT-820 红外温度计；（c）华为手环 3Pro；
（d）心率监测；（e）欧姆龙 HEM-7112 电子血压计；（f）FT-01 肺通气量仪图

需测定的人体心理指标有热感觉、湿感觉和疲劳度。测量方法为主观判定法，如表 3-2～表 3-4 所示。

表 3-2　热感觉等级的分级表

级别	Ⅰ	Ⅱ	Ⅲ	Ⅳ	Ⅴ	Ⅵ	Ⅶ
PMV	-1	0	+1	+2	+3	+4	+5
热感觉	稍凉	舒适	稍暖	暖和	热	很热	非常热

表 3-3　湿感觉等级的分级表

级别	Ⅰ	Ⅱ	Ⅲ	Ⅳ	Ⅴ	Ⅵ
PMV	-2	-1	0	+1	+2	+3
湿感觉	干燥	稍干燥	舒适	稍潮湿	潮湿	非常潮湿

表 3-4　疲劳主观感觉分级表

得分	0~6	7~12	13~18	19~24	25~30
疲劳度	不疲劳	感到疲劳但可以继续劳动	疲劳、体力下降、精神不集中，但可坚持	疲劳、体力、精力不济，难以坚持	极度疲劳，必须马上休息

需测定的行为指标有反应力和臂力。反应力通过 Trade Island 安卓版 v1.0 手机版软件进行测试，臂力通过记录装载 5 铲矿石消耗的时间进行测定。

3.1.3 受试对象及环境

实验地点为河南金渠金矿、甘肃金川镍矿、承德铜兴矿业寿王坟铜矿，选取三个矿井的 50 名井下工人为研究对象（10 个作业小组，每组 5 人），平均年龄为 31.2 岁，平均工龄为 8.6 年。选取上述三个典型金属矿井不同中段的五个作业点，温度范围 23～42℃，相对湿度为 60%～90%，风速为 0.5～2.5m/s。

3.1.4 测定分组及测量内容

将受试者分为 10 组，每组 5 人，填写个人信息表，每组均在一定的环境下，测量工作 90min 后的机能指标，记录生理和行为实测数据及填写心理主观感觉调查表。测量的内容主要包括温度、湿度及风速的控制和测量，矿工在不同环境下的生理、心理及行为指标。选取矿井不同中段的五个作业点（其温度范围分别为 23～26℃、27～30℃、31～34℃、35～38℃、39～42℃；湿度范围介于 60%～70%、70%～80%、80%～90% 三个区间；风速调控为 0.5m/s、1.5m/s、2.5m/s），具体测试流程见图 3-2（a），数据采集现场典型照片见图 3-2（b），数据汇总表见表 3-5。

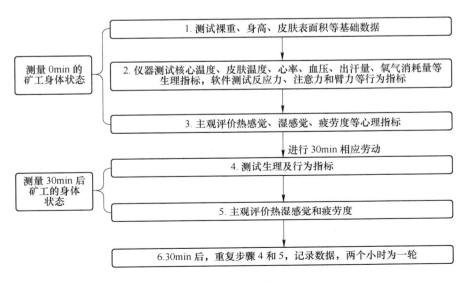

(a)

(b)

图 3-2　测试流程及数据采集现场

（a）测试流程；（b）数据采集现场典型照片

表 3-5　实际测量数据记录表

矿井号：　　　　　　　　　　　编号：　　　　　　　　　　测试时间：

姓　名		血压/mmHg	
年龄/岁		出汗量/g	
身高/cm		单位时间内呼出 CO_2	
体重/kg		单位时间内吸入 O_2	
皮肤表面积/m^2		单位时间内消耗的 $O_2/L \cdot h^{-1}$	
环境温度/℃		热感觉调查表	
相对湿度/%		湿感觉调查表	
风速/$m \cdot s^{-1}$		疲劳度评价表	
核心温度/℃		反应力/s	
皮肤温度/℃		注意力/s	
心率/bpm		臂力/s	

3.2　热湿环境对矿工身心安全的影响模型

3.2.1　热湿环境与矿工生理健康

选取所测 50 名矿工的数据进行分析，统计分析作业环境对人体核心温度、皮肤温度、心率、血压、出汗量和新陈代谢率的影响关系。

3.2.1.1　热湿环境与人体核心温度

参照人体核心温度，可以直观判断热湿环境中的人体热平衡是否受到破坏[76]。分析结果如图 3-3 所示。可以看出：当空气湿度 60%~70%、环境 23~30℃时，人体核心温度在 36~37.3℃之间，机体可以通过出汗正常散热；当温度为 31~38℃，风速大于 1.5m/s，可将矿工的核心温度降到正常范围。当空气湿度为 70%~80%，温度低于 30℃时，仍可提高风速降低核心温度。当湿度为 80%~90%、湿度为 70%~80% 且温度达到 30℃以上，以及湿度为 60%~70% 且温度超过 38℃时，人体核心温度超过 38℃，需要停止工作。

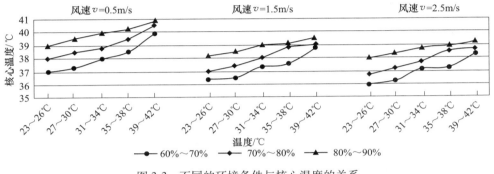

图 3-3　不同的环境条件与核心温度的关系

3.2.1.2　热湿环境与人体皮肤温度

皮肤温度受外界环境温度的变化而产生较大变化幅度，在高温高湿环境下，皮肤散热受阻碍，导致皮肤温度的逐渐升高[28]。不同的环境条件与皮肤温度的关系如图 3-4 所示。当湿度为 60%~70%、70%~90% 且温度为 23~34℃时，人体平均温度低于 37℃；温度为 35~38℃时，皮肤温度接近矿井温度，无法与环境正常换热，风速大于 1.5m/s，皮肤温度降到 37℃以下；温度达到 39℃，皮肤温度超过人体正常温度，环境最恶劣时达到 38.4℃。

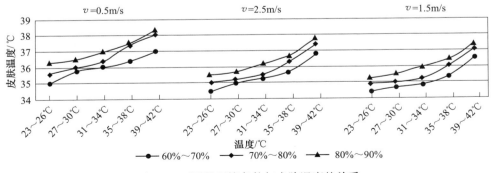

图 3-4　不同的环境条件与皮肤温度的关系

3.2.1.3　热湿环境与矿工心率

心率在高温矿井热湿环境中是重要的研究指标。如图 3-5 所示，第五阶段心率急剧增加；当风速为 2.5m/s、湿度为 60%～80%、温度为低于 27℃时，心率低于 100bpm，属于正常范围；风速为 0.5m/s、湿度为 60%～80%、温度为 23～34℃之间，心率在正常范围；风速为 1.5m/s、温度为 23～38℃之间，正常范围；当风速为 2.5m/s、温度为 27～38℃之间，心率处于 100～140bpm 之间，心率过速；当温度为 35～38℃时，心率达到 148 次/min，接近于人体过速心率范围的最大值，若继续工作，人的生命健康受到威胁。

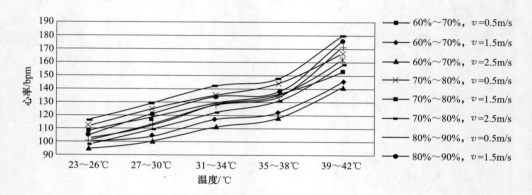

图 3-5　不同的环境条件与心率的关系

3.2.1.4　热湿环境与矿工血压

人体在高温矿井热湿环境下的体力劳动需要消耗能量，血液的运氧量增大，血管扩张，导致人体血压产生变化，当血压变化波动幅度较大时，要立即采取措施，脱离热湿环境[77]。收缩压低于 130mmHg，舒张压低于 80mmHg，属于正常范围。图 3-6 与图 3-7 所示为人体的血压情况。

图 3-6 中，当风速为 0.5m/s、温度为 31～34℃且湿度为 60%～80%，温度为 35～38℃且湿度为 60%～70%，风速超过 1.5m/s、温度为 39～42℃且湿度为 60%～80%时，收缩压介于 130～140mmHg 之间，达到临界高血压。温度为 35～38℃且湿度为 80%～90%，温度为 39～42℃、风速为 0.5m/s 和风速为 1.5m/s 以上且湿度为 80%～90%时，收缩压超过 140mmHg，人体处于高压状态。

图 3-7 中，当温度为 23～34℃、风速为 0.5m/s，温度为 31～34℃、风速为 1.5m/s；温度为 35～38℃、风速为 0.5m/s 且湿度为 60%～80%，风速大于 1.5m/s，温度为 39～42℃、风速为 2.5m/s 且湿度为 60%～70%时，舒张压介于

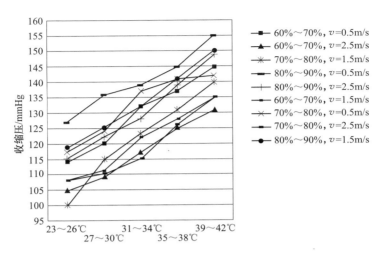

图 3-6 不同环境条件与收缩压关系

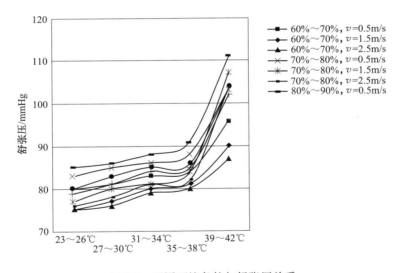

图 3-7 不同环境条件与舒张压关系

80~89mmHg 之间，视为高血压前期。温度为 35~38℃、风速为 0.5m/s 且湿度为 80%~90%，温度为 39~42℃、风速小于 1.5m/s 和风速为 2.5m/s 且湿度大于 70%时，舒张压高于 90mmHg。温度从第四阶段到第五阶段，舒张压急剧增加，湿度处于 70%~80%时，增加较快。

由于温度和湿度的升高，矿工心理处于焦虑的情况，神经亢奋，心率不断地加快，导致血压升高。收缩压在31~34℃时最大值接近人体临界高压范围的最大值，舒张压在35~38℃时最大值已经达到91mmHg，超过人体舒张压正常范围的最大值，所以可将35℃视为高压临界值。

3.2.1.5　热湿环境与矿工出汗量

出汗是人体向外界散热的重要途径[78]。采用纱布增重法对人体各个部位进行测量，结合加权系数法得到人体的出汗量。分析矿工的出汗量，得到图3-8。23~34℃之间，湿度和风速对人体出汗量的影响较小，出汗量低于800g，对人体没有影响。当温度达到35℃及以上，出汗量急剧增加，出现明显的失水症状，且湿度从70%~80%上升到80%~90%时，身上大面积排汗，出汗量增加1.5倍。

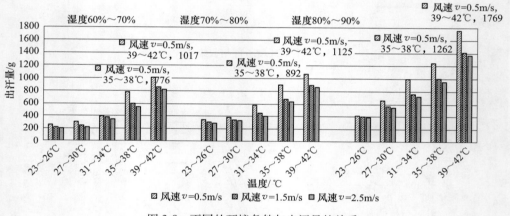

图3-8　不同的环境条件与出汗量的关系

3.2.1.6　热湿环境与矿工新陈代谢率

新陈代谢率 M 是影响人体热舒适的主要因素之一。作业环境的温度和湿度对新陈代谢有重要的影响[79]。温度升高，代谢量也会增加。新陈代谢率通过呼吸熵和耗氧量来体现，计算公式如下：

$$M = (0.23R_Q + 0.77) \times 5.88 \times \frac{V_{O_2}}{A_D} \tag{3-1}$$

$$A_D = 0.202 m_b^{0.425} H^{0.725} \tag{3-2}$$

式中　　m_b ——体重，kg；

　　　　H ——身高，m；

　　　　A_D ——人体皮肤表面积，m^2；

R_Q——呼吸熵，人体在单位时间内呼出二氧化碳和吸入氧气的物质的量之比；

V_{O_2}——人体单位时间消耗氧气量，L/h。

图 3-9 所示，风速的增加对新陈代谢率的影响较小。湿度为 60%～80% 且温度在 38℃ 以下时，新陈代谢率基本稳定，保持在 144～202W/m²。温度超过 38℃ 时，新陈代谢率急剧增加，湿度越大，增速越明显，单位时间内消耗的氧气体积增多，呼吸沉重。湿度介于 60%～70% 之间，人体的代谢指标正常。

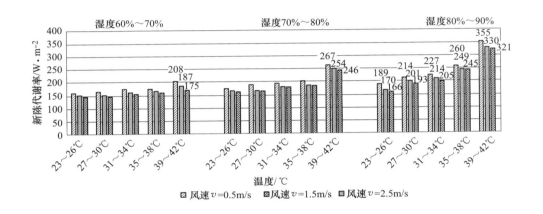

图 3-9 不同的环境条件与新陈代谢率的关系

3.2.2 热湿环境与矿工心理安全

井下作业人员心理指标为热感觉、湿感觉和疲劳程度。

3.2.2.1 热湿环境与矿工热湿感觉

矿工热感觉及湿感觉通过对周围环境的主观评价进行测量。采用矿工通过对自身感觉打分的方式，定量分析获得人体心理状态的变化规律。根据评分结果分析图 3-10，当温度低于 27℃，湿度为 60%～70% 时，人体热感觉最舒适。温度在 31～34℃ 时，矿工热感觉分值最低达到 2.5 分。随着温度的升高，人体热感觉增加明显，超过 35℃ 时，人体逐渐出现恍惚、神经麻痹等状态，分值趋于 4 分以上。图 3-11 中，湿度为 60%～70%，风速为 0.5m/s 且温度低于 30℃，以及风速超过 1.5m/s 且温度低于 34℃ 时，湿感觉接近 2 分。湿度大于 70%，温度越高，人体排汗量越大，湿感觉较明显。风速对热感觉与湿感觉的影响较小，空气流通性差，矿工处于热湿环境中，环境越恶劣，热湿感觉越明显。

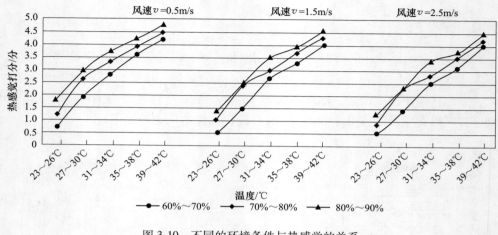

图 3-10　不同的环境条件与热感觉的关系

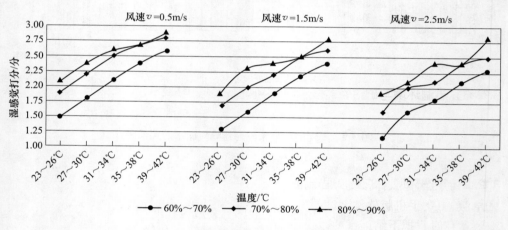

图 3-11　不同的环境条件与湿感觉的关系

3.2.2.2　热湿环境与矿工疲劳度

疲劳是主观意识上的一种疲乏劳累的感觉。疲劳的测定方法有疲劳症状问卷调查法、两点阈法、分析脑电图、精神测验法、测定闪频值法[29]。由于高温矿井的作业环境，可以采用问卷调查法获得矿工的疲劳程度。将疲劳症状分为 30种，为了方便分析，每种症状记为一分，取 50 名矿工在不同环境下的得分平均值，根据最后评分结果分析得出图 3-12。可以发现，疲劳症状的增多与温度和湿度的升高呈规律性，与风速关系不明显。温度为 23～26℃ 且湿度为 60%～70%时，疲劳度得分低于 6 分，还未感到疲劳。温度低于 26℃ 且湿度为 70%～80% 和温度为 27~30℃且湿度为 60%~80%时，疲劳度介于 6~12 分之间，矿工感到疲劳但可继续劳动。温度在 35℃以下，疲劳度低于 18 分，感到疲劳仍可以坚持，并且湿度越大，疲劳反应症状越多。相同湿度下，温度从第三阶段到第五阶段，出现的疲劳症状越来越多，可以认为 35℃为停止工作的临界值。

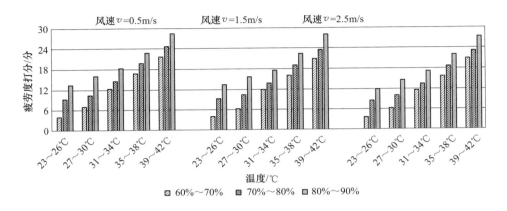

图 3-12 不同的环境条件与疲劳度的关系

3.2.3 热湿环境与矿工行为安全

井下作业人员行为指标分脑力坐标和体力指标，可通过反应力和臂力体现。

3.2.3.1 热湿环境与矿工反应力

反应时间是人体接受外界刺激，引起行为反应所需的时间。采用 Trade Island 安卓版 v1.0 手机版软件测试的方法测量矿工的反应力，当手机屏幕上的红色圆变为黄色时，摁下结束键的时间作为反应时间，如图 3-13 所示。记录矿工装载 3 吨矿车 1 车次所需要的时间。

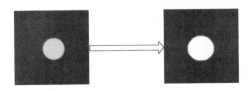

图 3-13 Trade Island 安卓版 v1.0 手机版软件测试界面

图 3-14 中，矿工的反应能力呈现规律性波动，反应能力下降的幅度与环境温度和湿度的升高成正比。相较于 23~30℃的反应时间的变化来讲，31~42℃的反应时间变化趋于平稳。同一湿度和风速下，温度在第五阶段与第一阶段时相

比，反应时间延长了 0.9s 以上。风速和湿度对反应能力的影响较小，矿工的反应时间在 2~4s 之间，最长达到 3.8s。

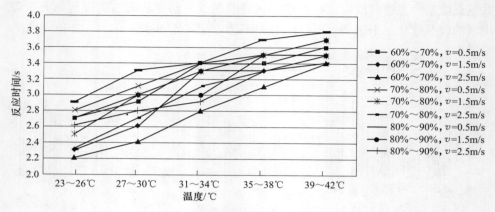

图 3-14　不同的环境条件与反应力的关系

3.2.3.2　热湿环境与矿工臂力

臂力是指臂部肌肉收缩紧绷产生的力量。当作业环境温度过高时，肌肉细胞中水分减少及电解质平衡的破坏都会影响肌肉的收缩能力及新陈代谢的能力，影响胳膊的操纵行为与体力行为[21]。图 3-15 中，人体的体力随温度和湿度的增加呈下降趋势，装载 3 吨矿车 1 车次所需要的时间越来越长，尤其是温度达到 35℃，体力消耗过大。矿工装载 5 铲矿石消耗的时间在 19~43s 之间波动。

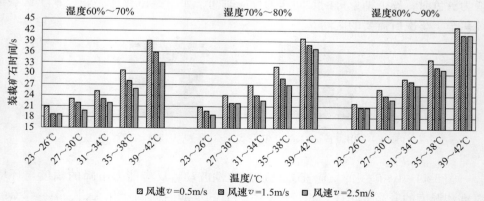

图 3-15　不同的环境条件与臂力的关系

根据现场测量不同温度、湿度、风速工况下，矿工的核心温度、皮肤温度、心率、血压、出汗量、新陈代谢率、热感觉、湿感觉、主观疲劳度、反应能力和臂力等指标，综合分析获得各指标在不同环境工况下的变化规律如下：

（1）生理指标。温度、湿度的上升与各指标的升高成正比，风速的增加与各指标的升高成反比。心率、血压受温度影响较为明显，出汗量受温度和湿度的影响较大，新陈代谢率的变化趋势接近于人体核心温度及皮肤温度的变化趋势。

（2）心理指标。热感觉受温度影响，湿感觉受湿度影响，环境越恶劣，热湿感觉越明显。疲劳度受温度和湿度的双重影响，随着温度和湿度的升高，疲劳症状出现的越来越多。风速对人体心理影响较小，主观变化不明显。

（3）行为指标。反应力和臂力都随着温度和湿度的增加呈下降趋势，且温度越高，反应时间和装载矿石所需时间越多。

温度为27℃以下且湿度为60%~70%时，人体可通过排汗降低温度，热湿感觉舒适，各机能指标正常。温度31℃以上且湿度70%~80%，矿工的核心温度超过38℃，血压达到临界高血压，热湿感觉变化明显。温度35℃以上且湿度80%~90%，矿工的身体机能指标出现一系列不适症状，血压和心率接近正常范围的最大值，出汗量急剧增加，安全度降低。

3.2.4 热湿环境与矿工身心安全的影响关系

上述分析可知，各指标在实验过程中皆有变化，所显示的规律符合逻辑。研究高温高湿环境对矿工身心安全的影响程度，核心在于热湿环境中人的热应激反应。可以采用多因子方差分析法，将实验数据进行综合处理，得出综合评价指标。本节将采用实验测试数据进行多因子方差分析。结果见表 3-6~表 3-11。

从表 3-6 可知，变量相关系数超过 0.3，说明原有变量相关性较强，因子分析满足前提条件。表 3-7 中，KMO 取值 0.796，表明原有变量相关系数较大；巴特利特的统计量取值为 292.763，Sig 为 0，小于显著水平值，可以拒绝零假设。综上所述，原有变量适合进行多因子方差分析。

表 3-6 相关系数矩阵

参数	核心温度	皮肤温度	心率	出汗量	代谢率	热感觉	湿感觉	疲劳度	反应时间	注意力
核心温度	1.000	0.912	0.879	0.894	0.776	0.890	0.831	0.867	0.722	0.758
皮肤温度	0.912	1.000	0.826	0.844	0.712	0.788	0.819	0.835	0.711	0.724
心率	0.879	0.826	1.000	0.773	0.705	0.741	0.798	0.756	0.684	0.688
出汗量	0.894	0.844	0.773	1.000	0.821	0.884	0.896	0.754	0.608	0.602
代谢率	0.776	0.712	0.705	0.821	1.000	0.631	0.698	0.726	0.614	0.610
热感觉	0.890	0.788	0.741	0.884	0.631	1.000	0.886	0.789	0.712	0.696

参数	核心温度	皮肤温度	心率	出汗量	代谢率	热感觉	湿感觉	疲劳度	反应时间	注意力
湿感觉	0.831	0.819	0.798	0.896	0.698	0.886	1.000	0.752	0.731	0.715
疲劳度	0.867	0.835	0.756	0.754	0.726	0.789	0.752	1.000	0.821	0.714
反应力	0.722	0.711	0.684	0.608	0.614	0.712	0.731	0.821	1.000	0.803
注意力	0.758	0.724	0.688	0.602	0.610	0.696	0.715	0.714	0.803	1.000

表 3-7　KMO 和 Bartlett 的检验

Kaiser-Meyer-Olkin 度量		0.799
Bartlett 球形度检验	近似卡方	737.462
	df	45
	Sig.	0.000

表 3-8 中，因子可以解释所有变量的主体信息，表明因子提取总体效果可行。

表 3-8　公因子方差

参数	初始	提取
核心温度	1.000	0.918
皮肤温度	1.000	0.907
心率	1.000	0.797
出汗量	1.000	0.752
新陈代谢率	1.000	0.713
热感觉	1.000	0.732
湿感觉	1.000	0.684
疲劳度	1.000	0.842
反应力	1.000	0.733
注意力	1.000	0.824

表 3-9 中，前三个因子的累计方差贡献率为 95.870%，其取值大于 1，说明全部变量的主体信息可以用前三个公因子代表，基于此，选择前三个因子为主因子。

表 3-9　解释的总方差

份数	初始特征值			提取平方和载入	
	合计	方差的%	累计%	合计	方差的%
1	8.936	89.359	89.359	8.936	89.359

份数	初始特征值			提取平方和载入	
	合计	方差的%	累计%	合计	方差的%
2	0.432	4.324	93.683	0.432	4.324
3	0.219	2.187	95.870	0.219	2.187
4	0.098	0.980	96.850		
5	0.083	0.831	97.681		
6	0.078	0.779	98.460		
7	0.061	0.607	99.067		
8	0.043	0.433	99.500		
9	0.031	0.313	99.813		
10	0.019	0.187	100.000		

表 3-10 中，第一因子可视为客观指标，其在核心温度、皮肤温度、心率上载荷系数较大；第二因子可视为主观指标，其在疲劳程度、热感觉、湿感觉上载荷系数较大；第三因子可视为脑力指标，其在反应力和注意力上占比明显。

表 3-10　旋转矩阵成分分析

特征变量	成　　分		
	1	2	3
核心温度	0.637	0.576	0.451
皮肤温度	0.615	0.682	0.329
心率	0.416	0.589	0.674
出汗量	0.463	0.800	0.309
新陈代谢率	0.355	0.834	0.350
热感觉	0.733	0.334	0.566
湿感觉	0.759	0.502	0.361
疲劳度	0.723	0.612	0.251
反应力	0.862	0.381	0.290
注意力	0.513	0.637	0.546

表 3-11 列出了回归法估计的因子得分系数，依据该表数据可得因子得分系数计算公式：

$$F_1 = 0.081x_1 + 0.115x_2 - 0.527x_3 - 0.179x_4 - 0.416x_5 + 0.263x_6 +$$
$$0.0424x_7 + 0.419x_8 + 0.747x_9 - 0.261x_{10}$$

$$(3-3)$$

$$F_2 = -0.035x_1 + 0.323x_2 - 0.160x_3 + 0.659x_4 + 0.736x_5 - 0.673x_6 - 0.127x_7 + 0.233x_8 - 0.313x_9 + 0.028x_{10}$$

$$(3\text{-}4)$$

$$F_3 = 0.179x_1 - 0.386x_2 + 1.246x_3 - 0.445x_4 - 0.214x_5 + 0.819x_6 - 0.195x_7 - 0.708x_8 - 0.416x_9 + 0.594x_{10}$$

$$(3\text{-}5)$$

最后综合指标为：

$$F = 0.89F_1 + 0.04F_2 + 0.02F_3 \qquad (3\text{-}6)$$

式中　F_1——客观指标，取值与各项客观生理指标正相关；

F_2——主观指标，取值与主观心理指标正相关；

F_3——脑力指标，取值与脑力行为指标正相关；

x_1——核心温度，℃；

x_2——皮肤温度，℃；

x_3——心率，bpm；

x_4——出汗量，g；

x_5——新陈代谢率，W/m^2；

x_6——热感觉；

x_7——湿感觉；

x_8——疲劳度得分；

x_9——反应力，s；

x_{10}——注意力，s。

表 3-11　成分得分系数矩阵

特征变量	成　分		
	1	2	3
核心温度	0.081	-0.035	0.179
皮肤温度	0.115	0.323	-0.386
心率	-0.527	-0.160	1.246
出汗量	-0.179	0.659	-0.445
新陈代谢率	-0.416	0.736	-0.214
热感觉	0.263	-0.673	0.819
湿感觉	0.424	-0.127	-0.195
疲劳度	0.419	0.233	-0.708
反应力	0.747	-0.313	-0.416
注意力	-0.261	0.028	0.594

矿工生理参数与其行为特征之间的方差分析结果，显示出其生理参数与自身行为特征显著相关，即生理变化将导致行为能力变化，但两者之间的影响程度无法用相关性分析确定。可通过回归性分析进一步确定其定量关系。

尽管核心温度、皮肤温度、心率、出汗量、新陈代谢率与行为特征指标反应时间，注意力、臂力所用时间之间的函数模型等无法直接确定，但可以借助曲线估计方法，将反应时间、注意力、臂力所用时间等行为特征指标设为因变量，将核心温度、皮肤温度、心率、新陈代谢率等生理参数设为自变量，逐一分析自变量与因变量之间的函数关系。分析步骤如下：

（1）选择几种基本的散点模型；

（2）采用 SPSS20.0 进行参数估计，计算出 R^2、F 检验值、系数等；

（3）选择拟合性最好的回归方程，本研究中选择 R^2 最大值模型。

设置因变量-反应时间、自变量-核心温度，线性模型、对数模型、二次方模型、S 曲线模型、幂函数模型分析结果见表 3-12，其中，二次方模型 R^2 为 0.883，最大，且 Sig. <0.05，显著水平良好。此时，反应时间与核心温度之间的回归方程宜选用二次方模型。

$$Y = -6.094 + 5.924X - 5.598X^2；Y = 反应时间，X = 核心温度。$$

表 3-12　模型汇总和参数估计值

方程	模型汇总					参数估计		
	R_2	F	df_1	df_2	Sig.	常数	b_1	b_2
线性	0.801	178.214	1	43	0.000	-10.283	13.350	
对数	0.811	189.492	1	43	0.000	-12.908	13.766	
二次	0.883	167.646	2	42	0.000	-6.094	5.924	-5.598
S	0.789	165.170	1	43	0.000	15.991	-12.852	
幂	0.778	155.104	1	43	0.000	0.751	12.454	

同理，可以实现：

（1）反应能力与其他生理指标（皮肤温度、心率、新陈代谢率）的回归性分析；其回归模型汇总如表 3-13 所示。

（2）注意力与各项生理指标（核心温度、皮肤温度、心率、新陈代谢率）的回归性分析；其回归模型如表 3-14 所示。

（3）臂力与各项生理指标（核心温度、皮肤温度、心率、新陈代谢率）的回归性分析；其回归模型如表 3-15 所示。

表 3-13　矿工反应能力与生理指标的回归模型

自变量 X	因变量 Y	回归方程
核心温度	反应时间	$Y = -6.094 + 5.924X - 5.598X^2$
皮肤温度	反应时间	$Y = -11.430 + 12.207\ln X$
心率	反应时间	$Y = -5.315 + 8.805\ln X$
新陈代谢率	反应时间	$Y = e^{(24.123 - 8.447/X)}$

表 3-14　矿工注意力与生理指标的回归模型

自变量 X	因变量 Y	回归方程
核心温度	注意力	$Y = 3.252e^{18.747X}$
皮肤温度	注意力	$Y = 2.717e^{15.601X}$
心率	注意力	$Y = -13.542 + 18.214\ln X$
新陈代谢率	注意力	$Y = -9.782 + 13.073\ln X$

表 3-15　矿工臂力与生理指标的回归模型

自变量 X	因变量 Y	回归方程
核心温度	臂力所用时间	$Y = e^{(27.572 - 19.687)/X}$
皮肤温度	臂力所用时间	$Y = 2.061e^{16.618X}$
心率	臂力所用时间	$Y = -14.587 + 17.896\ln X$
新陈代谢率	$Y=$臂力所用时间	$Y = -10.491 + 12.822\ln X$

　　通过回归性分析，确定生理指标与行为特征之间的定量关系，分别建立核心温度、皮肤温度、心率、新陈代谢率与反应时间、注意力所用时间、臂力所用时间之间的回归方程。根据建立的回归方程，矿山企业在对作业人员进行工作分配时，可以通过测量作业人员的核心温度、皮肤温度、心率、新陈代谢率，估算该员工的反应能力、注意力、臂力，根据不同的作业要求安排合适的作业人员。

　　同理，可以确定心理指标与行为特征之间的定量关系，分别建立热感觉、湿感觉、疲劳度与反应时间、注意力所用时间、臂力所用时间之间的回归方程。如表 3-16~3-18 所示。

表 3-16　矿工反应能力与心理指标回归模型

自变量 X	因变量 Y	回归方程
热感觉	反应时间	$Y = -1.184 - 4.189X - 3.471X^2 + 3.161X^3$
湿感觉	反应时间	$Y = 35.324X^{17.704}$
疲劳度	反应时间	$Y = 5.197 - 2.652X + 3.710X^2 - 3.885X^3$

表 3-17　矿工反应能力与生理指标的回归模型

自变量 X	因变量 Y	回归方程
热感觉	注意力	$Y = -2.435 + 5.994X - 6.223X^2 + 6.802X^3$
湿感觉	注意力	$Y = 20.343e^{15.831X}$
疲劳度	注意力	$Y = 5.770 - 2.936X + 2.942X^2 - 2.230X^3$

表 3-18　矿工臂力与心理指标回归模型

自变量 X	因变量 Y	回归方程
热感觉	臂力所用时间	$Y = -2.820 + 5.750X - 5.926X^2 + 6.619X^3$
湿感觉	臂力所用时间	$Y = 16.678e^{18.421X}$
疲劳度	臂力所用时间	$Y = 4.913 - 3.231X + 3.382X^2 - 2.698X^2$

井下热湿环境对矿工的生理指标、心理指标和行为指标都有较大影响。臂力的下降率在一定程度上可以反映劳动效率的下降率。臂力下降率计算如下：

$$f = (t_1 - t_2)/t_1 \times 100\% \tag{3-7}$$

式中　t_1——臂力的初始值，即矿工进入热湿环境前的臂力值，s；

　　　t_2——臂力的终值，即矿工在热湿环境中进行 90min 工作后的臂力值，s。

将进入热湿环境前后矿工臂力的初始值进行差异显著性分析，见表 3-19。

表 3-19　矿工臂力初始值差异显著性分析

差异属性	Levene's 方差齐性检验		均数相等 t 检验				
	F	Sig.	t	自由度	Sig. (2-tailed)	均数之差	标准差
总体方差齐性	0.172	0.683	-0.266	20	0.793	-0.5455	2.0502
总体方差非齐性			-0.266	18.854	0.793	-0.5455	2.0502

从上面的计算结果可以看出矿工进入热湿环境前后其臂力值差别（$P>0.05$）不明显，由此排除比例初始值 t_1 的影响，使进入热湿环境前后的臂力减少量具有可比性。

从图 3-16 可以看出：除了样本 8 以外，所有矿工在三种工况下臂力减少量都出现了明显的降低。剔除样本 8 的数据，经计算可得环境条件 3 中矿工在高温高湿环境中进行 90min 劳动后臂力下降的平均值为 7.27%，环境条件 2 中劳动后臂力下降平均值为 14.10%，环境条件 1 中劳动后该值变成了 19.08%，说明矿工在温度与湿度越高、风速越低的环境下从事体力劳动效率降低得越多。

3.2.5　热湿环境对矿工身心安全的影响模型

通过以上热湿环境对矿工生理、心理与行为影响关系研究，可以建立矿工生

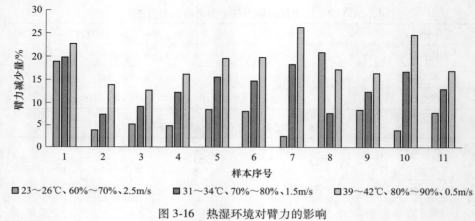

图 3-16　热湿环境对臂力的影响

理、心理与行为特征之间的关系图，进而构建出高温环境对矿工生理、心理及行为影响机理模型（见图 3-17）。

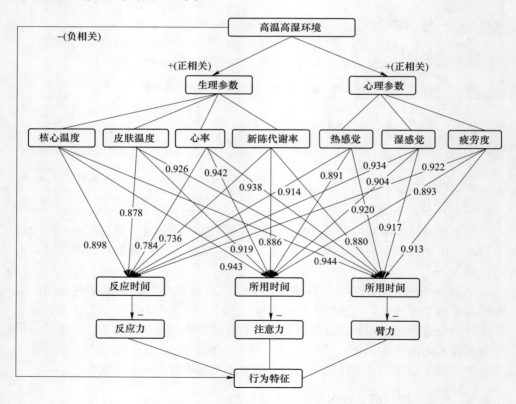

图 3-17　高温热湿环境对矿工身心安全的影响机理模型

由图 3-17 可得，高温环境正相关影响矿工生理参数。核心温度、皮肤温度、心率、新陈代谢率四项生理参数均与反应时间、注意力所用时间和臂力所用时间呈高度正相关性，其中反应时间、注意力所用时间与核心温度的相关性最强，臂力所用时间与心率的相关性最强。生理指标的升高会导致矿工反应时间、注意力所用时间和臂力所用时间呈现增多趋势，反映出矿工反应能力、注意力和臂力的减弱。反应能力、注意力和臂力综合反映了矿工行为特征的状态，且高温高湿环境还会通过矿工心理、情绪等因素影响矿工行为，且为负相关影响。总体影响表现为，高温高湿会导致矿工行为能力减弱。

3.3 矿工身心安全影响因素的耦合作用机理

3.3.1 基于涌现理论的矿工身心安全影响因素关系辨识

涌现理论的核心思想是："整体大于部分之和""简单生成复杂""去中心化""自适应"等，被广泛应用于各种自然及经济、社会、教育等科学领域。如盛迪韵[80]以涌现理论为分析框架，从"构材""量积""质组""环境"四个系统涌现环节，分析了美国汉语教学课堂中的协同教学机制。高雯等[81]将涌现理论应用于城市设计中，利用 Maya 计算机动态模拟系统构建了城市设计的涌现模型，并阐述了模型的动态模拟过程等。

所谓"涌现"，是指各要素交叉作用所形成的各要素所不具备的新的特质的过程[82]。根据涌现的概念，矿工身心安全状态是高温热湿环境因素与矿工的生理、心理、行为指标间互相作用耦合形成的综合影响作用安全态势。依据上节提出的热湿环境对矿工生理、心理、行为的影响因素，再选取空气温度、风流速度、相对湿度、环境平均辐射温度为热湿环境因素。矿工身心安全状态的形成需经历两次涌现过程：一阶涌现是指环境因素间的耦合作用对矿工生理、心理、行为的影响；二阶涌现是指生理、心理、行为间相互耦合相互协作形成矿工身心安全状态。矿工身心安全态势影响因素涌现关系如图 3-18 所示。

3.3.2 影响度计算

矿工身心安全态势是各指标间相互影响、彼此耦合并分层涌现形成的，取决于各指标间的相互作用强度以及这些指标在矿工身心安全态势中的影响程度。本节采用一种运用图论与矩阵工具进行系统要素分析的方法——DEMATEL 法，并将熵权法与 G-1 法线性结合用于确定指标综合权重，再根据指标权重的比值建立直接影响关系矩阵，进而计算各指标的耦合关系参数。

3.3.2.1 G-1 法计算步骤

（1）确定指标 x_i 的序关系，即由矿山职业健康及安全领域的专家确定指标 x_j

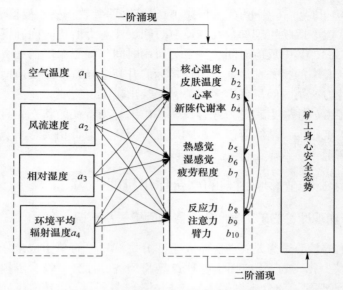

图 3-18　矿工身心安全态势影响因素涌现关系

和 x_{j-1} 的相对重要性程度，得出一种关系式：$x_1 > x_2 > \cdots > x_m$。

（2）由专家给出指标 x_j 和 x_{j-1} 的相对重要性程度之比 ω_{j-1}/ω_j 的理性赋值：

$$r_j = \omega_{j-1}/\omega_j \qquad (3-8)$$

具体赋值见表 3-20。

表 3-20　赋值参考值

r_j	含　义
1.0	x_j 与 x_{j-1} 同样重要
1.1	x_j 比 x_{j-1} 介于同样重要和稍重要之间
1.2	x_j 比 x_{j-1} 稍重要
1.3	x_j 比 x_{j-1} 介于稍重要和明显重要之间
1.4	x_j 比 x_{j-1} 明显重要
1.5	x_j 比 x_{j-1} 介于明显重要与强烈重要之间
1.6	x_j 比 x_{j-1} 强烈重要
1.7	x_j 比 x_{j-1} 介于强烈重要与极端重要之间
1.8	x_j 比 x_{j-1} 极端重要

（3）计算第 m 个指标的权重 ω_m

$$\omega_m = \left(1 + \sum_{k=2}^{m} \prod_{i=k}^{m} r_i\right)^{-1} \qquad (k = m,\ m-1,\ \cdots,\ 3,\ 2) \qquad (3-9)$$

$$\omega_{k-1} = r_k \omega_k \qquad\qquad (3-10)$$

式中，ω_m 为第 m 个指标的权重；ω_{k-1} 为第 $k-1$ 个指标的权重。

（4）根据每位专家所给出的指标权重，通过式（3-11）求各指标均值权重：

$$\omega_m = \left(\sum_{s=1}^{n} \omega_m^s \right) \bigg/ n \qquad (s = 1, 2, \cdots, n) \qquad\qquad (3-11)$$

式中，ω_m^s 为第 s 位专家所确定的第 m 个指标权重。

3.3.2.2　熵权法计算步骤

（1）根据问卷调查结果，建立初始矩阵 $\boldsymbol{A}$：

$$\boldsymbol{A} = \begin{bmatrix} a_{11} & \cdots & a_{1n} \\ \vdots & & \vdots \\ a_{n1} & \cdots & a_{nn} \end{bmatrix}$$

$$b_{ij} = \frac{a_{ij} - a_{\min}}{a_{\max} - a_{\min}} \qquad\qquad (3-12)$$

（2）根据式（3-12）对矩阵 $\boldsymbol{A}$ 进行归一化处理，形成归一化矩阵 $\boldsymbol{B}$：

$$\boldsymbol{B} = \begin{bmatrix} b_{11} & \cdots & b_{1n} \\ \vdots & & \vdots \\ b_{n1} & \cdots & b_{nn} \end{bmatrix}$$

（3）计算指标 j 的熵值 e_j：

$$e_j = \frac{-1}{\ln m} \sum_{i=1}^{m} f_{ij} \ln f_{ij} \qquad\qquad (3-13)$$

$$f_{ij} = (1 + b_{ij}) \bigg/ \sum_{i=1}^{m} (1 + b_{ij}) \qquad\qquad (3-14)$$

（4）计算指标 j 的权重系数 ω_j：

$$\omega_j = (1 - e_j) \bigg/ \left(n - \sum_{j=1}^{n} e_j \right) \qquad\qquad (3-15)$$

3.3.2.3　指标 j 的综合权重 ω_j^* 计算

设 ω_j^* 是第 j 个指标的综合权重，采用线性加权方法，即 $\omega_j^* = \alpha\omega_p + (1-\alpha)\omega_j$，以综合权重 ω_j^* 与 ω_p、ω_j 的偏差平方和最小建立目标函数，运用计算最小值的数学方法，计算偏导数，使其结果为零，得 $\alpha = 0.5$。即：

$$\omega_j^* = 0.5\omega_p + 0.5\omega_j \qquad\qquad (3-16)$$

3.2.3.4　DEMATEL 法计算步骤

（1）构建直接影响关系矩阵。以指标综合权重的比值建立直接影响关系矩阵：

$$C = \begin{bmatrix} C_{11} \cdots C_{1n} \\ \vdots \quad\quad \vdots \\ C_{n1} \cdots C_{nn} \end{bmatrix} \quad (c_{ii} = 0, \ c_{ij} = c_i/c_j) \quad\quad (3\text{-}17)$$

（2）直接影响矩阵归一化。通过式（3-18）、式（3-19）对矩阵 C 进行归一化处理，形成标准化矩阵 X。

$$X = C/s \quad\quad (3\text{-}18)$$

$$s = \max\nolimits_{1 \leqslant i \leqslant n} \left(\sum_{j=1}^{n} c_{ij} \right) \quad\quad (3\text{-}19)$$

（3）计算矿工身心安全态势指标的综合影响矩阵 T。综合影响矩阵 T 通过式（3-20）对标准化矩阵 X 的几何级数处理实现。

$$T = \lim_{k \to 0}(X + X^2 + X^3 + \cdots + X^k) = X(I - X)^{-1} \quad\quad (3\text{-}20)$$

（4）计算矿工身心安全态势影响因素的关系参数。通过式（3-21）及式（3-22）计算矿工身心安全态势第 i 个指标的影响度 r_i 和第 j 个指标的被影响度 c_j，其次通过式（3-23）及式（3-24）计算第 i 个指标的中心度（m_i）和原因度（n_i）。

$$r_i = \sum_{j=1}^{n} t_{ij} \quad (i = 1, \ 2, \ \cdots, \ m) \quad\quad (3\text{-}21)$$

$$c_j = \sum_{i=1}^{n} t_{ij} \quad (j = 1, \ 2, \ \cdots, \ n) \quad\quad (3\text{-}22)$$

$$m_i = r_i + c_j \quad (i = j) \quad\quad (3\text{-}23)$$

$$n_i = r_i - c_j \quad (i = j) \quad\quad (3\text{-}24)$$

m_i 为各指标对矿工身心安全态势的重要程度；n_i 为影响因素与其他因素的作用关系。当 $n_i > 0$ 时，则要素 i 为矿工身心安全态势指标的原因要素，对其他要素产生影响；当 $n_i < 0$ 时，则要素 i 为矿工身心安全态势的结果要素，表明该要素被其他要素所影响[7]。

3.3.3　耦合关系计算

3.3.3.1　基于 G-1 法和熵权法指标权重的确定

邀请从事矿工职业健康安全研究工作的专家进行指标权重的确定，每位专家需要确定各指标的序关系以及各指标的相对重要性程度。根据式（3-9）、式（3-10）计算各指标权重，通过式（3-11）计算各位专家对各指标的均值权重。

例如，计算环境因素 a_1，a_2，a_3，a_4 指标的权重，其一位专家确定的序关系为：$a_1 > a_3 > a_2 > a_4$，记为 $x_1 > x_2 > x_3 > x_4$；确定的相邻指标重要程度之比为：$r_2 = 1.4$；$r_3 = 1.2$；$r_4 = 1.3$。根据式（3-9）和式（3-10）计算权重：$\omega_{11} = 0.233$，$\omega_{21} = 0.194$，$\omega_{31} = 0.149$，$\omega_{41} = 0.121$。对其他专家赋值进行同样的权重计算，最

后按式（3-11）进行均值计算，得出环境因素指标权重向量的综合结果：

$\omega_1 = 0.395$，$\omega_2 = 0.297$，$\omega_3 = 0.306$，$\omega_4 = 0.288$

同理，计算生理、心理、行为因素层指标的权重，结果为：

ω = (0.357, 0.298, 0.288, 0.301, 0.381, 0.326, 0.283, 0.275, 0.266, 0.251)

通过 50 位具有 5 年以上工龄的矿工问卷调查结果，建立判断矩阵 A。此问卷是针对各因素指标对矿工身心安全态势的影响程度进行打分，按照"没有影响"到"影响很大"进行 1~5 打分法。调查数据如下：

$$A = \begin{bmatrix} 3.0 & 4.5 & 2.0 & 3.1 & 4.0 & 4.5 & 4.1 & 4.7 & 3.9 & 3.1 & 4.0 & 2.9 & 3.0 & 4.5 & 3.8 & 2.0 & 5.0 & 3.5 \\ 3.2 & 4.0 & 1.9 & 2.9 & 4.1 & 4.6 & 3.9 & 4.8 & 3.5 & 4.0 & 4.1 & 2.1 & 3.6 & 4.6 & 3.2 & 2.1 & 4.9 & 3.0 \\ 3.0 & 4.7 & 1.8 & 3.4 & 3.9 & 5.0 & 4.6 & 3.1 & 4.1 & 4.2 & 1.9 & 3.7 & 4.7 & 2.9 & 1.9 & 4.7 & 2.5 \\ 3.5 & 4.5 & 2.1 & 3.5 & 4.2 & 4.7 & 4.3 & 4.7 & 2.9 & 3.9 & 4.5 & 2.0 & 3.0 & 2.5 & 4.5 & 3.0 \\ \vdots & \vdots & \vdots & \vdots & \vdots & \vdots & \vdots & \vdots & \vdots & \vdots & \vdots & \vdots & \vdots & \vdots & \vdots & \vdots & \vdots & \vdots \\ 3.6 & 4.3 & 2.3 & 3.7 & 4.0 & 4.9 & 4.3 & 4.3 & 3.7 & 4.1 & 2.5 & 3.7 & 4.1 & 3.5 & 1.9 & 4.3 & 3.0 \\ 3.9 & 4.1 & 2.6 & 2.4 & 3.9 & 4.6 & 3.4 & 4.8 & 3.4 & 3.3 & 3.0 & 3.1 & 3.0 & 4.7 & 4.1 & 2.7 & 4.0 & 2.6 \\ 4.0 & 4.5 & 2.4 & 2.4 & 4.8 & 2.9 & 4.3 & 3.6 & 3.6 & 2.4 & 4.8 & 3.8 & 2.6 & 4.1 & 2.4 \\ 4.1 & 4.6 & 2.7 & 2.1 & 4.3 & 4.6 & 3.0 & 4.3 & 3.2 & 3.5 & 3.3 & 3.9 & 2.6 & 4.9 & 4.1 & 2.3 & 4.2 & 2.5 \end{bmatrix}$$

运用熵权法得到的计算结果为：

ω_j = (0.070, 0.069, 0.067, 0.062, 0.067, 0.064, 0.060, 0.062,
　　 0.065, 0.063, 0.061, 0.057, 0.059, 0.058)

根据公式（3-16）计算得到的综合权重为：

ω_j^* = (0.233, 0.183, 0.187, 0.175, 0.212, 0.181, 0.174, 0.182,
　　 0.223, 0.195, 0.173, 0.166, 0.163, 0.155)

3.3.3.2　DEMATEL 法计算各因素的关系参数：

根据计算出的综合权重，建立直接影响关系矩阵 C，如表 3-21 所示。根据式（3-18）~式（3-20）得矿工身心安全态势指标综合影响矩阵，由综合影响矩阵计算各影响指标的耦合关系参数，结果如表 3-22 所示。

表 3-21　矿工身心安全态势影响指标的直接影响关系矩阵

因素	a_1	a_2	a_3	a_4	b_1	b_2	b_3	b_4	b_5	b_6	b_7	b_8	b_9	b_{10}
a_1	0	0.785	0.803	0.751	0.910	0.777	0.747	0.781	0.957	0.837	0.742	0.712	0.700	0.665
a_2	1.273	0	1.022	0.956	1.158	0.989	0.951	0.995	1.219	1.066	0.945	0.907	0.891	0.847
a_3	1.246	0.979	0	0.936	1.134	0.968	0.930	0.973	1.193	1.043	0.925	0.888	0.872	0.829
a_4	1.331	1.046	1.069	0	1.211	1.034	0.994	1.040	1.274	1.114	0.989	0.949	0.931	0.886
b_1	1.099	0.863	0.882	0.825	0	0.854	0.821	0.858	1.052	0.920	0.816	0.783	0.769	0.731

因素	a_1	a_2	a_3	a_4	b_1	b_2	b_3	b_4	b_5	b_6	b_7	b_8	b_9	b_{10}
b_2	1.287	1.011	1.033	0.967	1.171	0	0.961	1.006	1.232	1.077	0.956	0.917	0.901	0.856
b_3	1.339	1.052	1.075	1.006	1.218	1.040	0	1.046	1.282	1.121	0.994	0.954	0.937	0.891
b_4	1.280	1.005	1.027	0.962	1.165	0.995	0.956	0	1.225	1.071	0.951	0.912	0.896	0.852
b_5	1.045	0.821	0.839	0.785	0.951	0.812	0.780	0.816	0	0.874	0.776	0.744	0.731	0.695
b_6	1.195	0.938	0.959	0.897	1.087	0.928	0.892	0.933	1.144	0	0.887	0.851	0.836	0.795
b_7	1.347	1.058	1.081	1.012	1.225	1.046	1.006	1.052	1.289	1.127	0	0.960	0.942	0.896
b_8	1.404	1.102	1.127	1.054	1.277	1.090	1.048	1.096	1.343	1.175	1.042	0	0.982	0.934
b_9	1.429	1.123	1.147	1.074	1.301	1.110	1.067	1.117	1.368	1.196	1.061	1.018	0	0.951
b_{10}	1.503	1.181	1.206	1.129	1.368	1.168	1.123	1.174	1.439	1.258	1.116	1.071	1.052	0

表 3-22　矿工身心安全态势影响指标的耦合关系参数

因素	影响度	被影响度	中心度	原因度
a_1	1.718	0.815	2.533	0.903
a_2	1.525	0.799	2.324	0.726
a_3	1.706	0.821	2.527	0.885
a_4	1.375	0.913	2.288	0.462
b_1	0.809	1.505	2.314	−0.696
b_2	0.975	1.278	2.253	−0.703
b_3	0.951	1.127	2.078	−0.716
b_4	0.567	1.631	2.198	−1.064
b_5	0.612	1.648	2.260	−1.036
b_6	0.717	1.542	2.259	−0.825
b_7	0.619	1.569	2.188	−0.950
b_8	0.533	1.471	2.004	−0.938
b_9	0.450	1.535	1.985	−1.085
b_{10}	0.560	1.487	2.047	−0.927

由表 3-22 的数据可以得出矿工身心安全态势各指标的作用关系和重要程度，结果如下：

（1）影响矿工身心安全态势的 14 个指标中，按照中心度大小排序，前三位是空气温度 a_1、相对湿度 a_3、风流速度 a_2，表明这三个因素对矿工身心安全态势最为重要。

（2）由 r-c 可知，a_1、a_2、a_3、a_4 这 4 个指标的原因度为正数，是原因要素，其他 10 个指标为结果要素。这说明，4 个原因要素不仅对矿工身心安全态势有影响，同时也对 10 个结果要素产生作用。如果不能很好管控这些原因要素，将会诱发矿山不安全事件，所以矿山企业应对这些原因要素进行有效监管，预防不安全事故的发生。

3.3.4　矿工身心安全影响态势耦合作用机理

根据表 3-22 的计算结果，建立基于涌现理论的矿工身心安全态势指标关系图。在 14 个影响指标中，a_1、a_2、a_3、a_4 为原因要素，其余为结果要素。由此，原因要素作用于结果要素形成矿工身心安全态势一阶涌现，通过矿工生理、心理、行为指标间的相互作用形成二阶涌现。由于要素间的影响度不同，为进一步确定各要素间的耦合作用关系，以综合影响矩阵为基础，将要素间影响度均值与标准差之和定为影响度阈值，小于阈值则认为两者无影响关系，大于则有影响关系，由此建立矿工身心安全态势指标的耦合作用关系图，如图 3-19 所示。

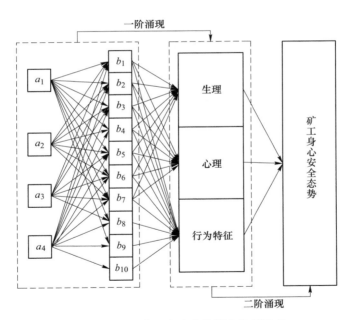

图 3-19　矿工身心安全态势耦合作用机理

图 3-19 矿工身心安全态势的 14 个影响因素指标中，原因要素不仅对矿工身心安全态势有影响，也对结果要素产生作用。在实际工作中，矿山企业应着重对这些原因要素进行有效管控，避免对其他因素造成负面影响。结果要素容易受到原因要素影响进而给矿山安全管理带来风险，通过关注这些结果要素能够给安全

管理提供参考依据。一方面，矿山企业需要改善矿工的作业环境，避免高温、高湿、照明等不利因素对矿工造成生理或心理影响，营造舒适、安全的工作氛围；另一方面，矿工需要控制自身情绪，关注自身的健康状况，身体不适时应立即停止作业，提高自身的心理素质等。分析如下：

（1）从涌现理论角度，采用 DEMATEL 法确定矿工身心安全态势影响因素的耦合作用关系。运用熵权法与 G-1 法线性结合确定各因素指标的综合权重，利用各指标权重的比值建立直接影响关系矩阵，避免了 DEMATEL 法在构建判断矩阵过程中存在的主观偏差问题。

（2）运用 DEMATEL 法得出各影响因素的中心度和原因度，确定了各影响因素的作用关系和重要程度。结果表明：空气温度、相对湿度、风流速度是影响矿工身心安全态势的主要因素。

（3）矿工身心安全态势是各影响指标相互耦合涌现的结果。在 14 个影响因素指标中，4 个指标为原因因素，其余为结果因素，且要素间相互影响，相互作用，通过层级递进的一阶、二阶涌现形成矿工身心安全态势，由此建立因素指标间的耦合作用关系。图 3-19 描述了影响矿工身心安全态势的作用机理过程，为矿山企业在安全生产管理方面提供参考依据。

3.4　本章小结

本章的研究聚焦于高温矿井井下热湿环境对矿工身心的影响机理。通过测试实验，在矿山现场测量不同温度、湿度及风速的情况下，矿工的核心温度、皮肤温度、心率、血压、出汗量、新陈代谢率、热感觉、湿感觉、主观疲劳度、反应能力和臂力等指标，获得各指标在不同环境下的变化规律，得出高温矿井热湿环境对矿工生理、心理、行为等指标的回归分析模型，分析井下热湿环境对矿工行为安全的影响规律，构建热湿环境对矿工身心安全的影响机理模型。从涌现理论角度，运用熵权法与 G-1 法线性结合确定各因素指标的综合权重及直接影响关系矩阵，采用 DEMATEL 法分析矿工身心安全态势影响因素的耦合作用关系，为下一章矿工身心安全影响态势的评估研究明确了指标体系及理论基础。

4　高温矿井热湿环境对矿工身心安全的影响态势评估

<<<<<<<<<<<<<<<<<<<<<<<<<<<<<<<<<<<<<<<<<<

第 3 章通过热湿环境对矿工身心影响的测试实验，得到了实验数据及分析结果，明确了热湿环境对矿工身心安全的影响机理及矿工身心安全态势影响因素的耦合作用关系，本章将在矿工身心安全的影响指标体系的基础上，进行矿工身心安全影响态势的评估研究。

4.1　影响矿工身心安全态势的指标体系

矿工安全事故的发生是作业人员个体在受到环境的影响或者作业时发生违章行为没有及时纠正或矿工自身安全出了问题导致的，本章以安全人机工程学原理为理论基础，通过试验对高温高湿环境下矿工心理和生理变化进行全面、系统的测试和分析，再对收集的数据进行整理筛选。矿工身心安全指标包括生理、心理、行为等指标，各个指标又包含许多影响因素，影响矿工身心安全态势的指标体系如图 4-1 所示。该指标体系包括目标层（A 层）、准则层（B 层）和决策层（C 层）3 个层级。

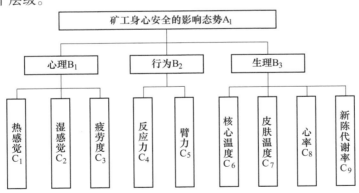

图 4-1　影响矿工身心安全态势的指标体系

4.2　安全态势的集对分析方法

4.2.1　集对分析方法

集对分析的概念最初是由我国学者赵克勤在 1989 年提出来的，其基本理念是：任何复杂的系统中都存在同一、对立的两面，利用集合论来表示就是复杂系统中广泛存在着确定性集合和不确定性集合，并且两者之间存在相互转化规律。集对分析一经提出就引起了国内外学者的高度关注，为解决多目标决策、多属性评价等问题提供了新的有效途径。集对及联系度是集对分析的核心概念，偏联系数是一种伴随函数，用来反映同异反联系数的变化趋势，杨雷、漆国怀针对具有多种不确定偏好形式的多方案大群体决策问题，提出一种基于集对分析的群决策方法[83]，通过实例分析验证了方法的有效性和实用性。M. R. Su 引入集对分析方法对城市生态系统进行评价[84]，通过将多个健康指标结合起来，计算出城市生态系统健康与最优集的近似程度，描述城市生态系统的健康水平。W. J. Li 提出了集对分析与变模糊集相结合的评价模型，将该模型应用于北云河流域生态系统评价[85]，结果表明所提出的评价模型直观、简单。Kumar、Kamal 结合区间值直觉模糊集环境下基于集对分析连接数的 TOPSIS 方法，提出一直觉模糊集环境多属性决策[86]。

4.2.2 集对分析的数学表达

集对分析的数学模型表达为：对于复杂系统，对其集对所具有的属性进行同异反分析，分析结果用联系度表达式 $\mu = a + bi + cj$ 表示。在联系度表达式中，$i \in [-1, 1]$ 表示差异度系数，$j = -1$ 表示对立度系数，a 称为同一度，b 称为差异度，c 称为对立度，三者合称作"同异反"联系度[87]。其中，集对分析的核心就是确定出集对的同异反联系度表达式，可以说联系度就是集对分析的灵魂基石。

有构成集对 $H = (A, B)$ 组合的两个集合 A 和 B，组成的集对在约束条件 W 下，对集对 $H = (A, B)$ 进行分析可以得到 N 个特性。其中 A 和 B 两个集合的共有特性记为集合 S，把集合 A、B 所对立的特性记做集合 P，剩下的既不对立又不共有的特性记为集合 $F = N - S - P$。所以比值 $\frac{S}{N} = a$，$\frac{F}{N} = b$，$\frac{P}{N} = c$，分别代表系统的同一度、差异度、对立度，表达式为

$$\mu(W) = \frac{S}{N} + \frac{F}{N} + \frac{P}{N} j \tag{4-1}$$

表达式可简写成 $\mu = a + bi + cj$，$a + b + c = 1$，其中，μ 称为 A，B 两个集合的联系度。一般情况下 μ 是指复杂系统的同一度、差异度、对立度的代数之和，在运算时，μ 又通常可以看成是一个数，又称之为联系数。

4.3 安全态势集对分析的联系数运算与态势构建

4.3.1 联系数运算

定义 4.1 称形如 $a + bi + cj$，$a + bi$，$a + cj$，$bi + cj$ 的数为联系数[88]，其中，

a，b，c 为任意正数，$j=-1$，$i \in [-1, 1]$。由定义可知，在区间 $[0, 1]$ 内中任何数都能看作是联系数。对于联系数 $a + bi + cj$，有约束条件 $a+b+c=k$，$k \geqslant 1$。目前应用比较广泛的联系数形式是 $a+bi$。有约束条件 $a+b \geqslant k$，$a>0$，$b>0$，可以把 $a+bi$ 型联系数简写成 a，而不写出 bi 这一项，并称 a 是联系数 $a+bi$ 中的可确定项，bi 是联系数 $a+bi$ 中的不确定项。

定义 4.2 假设联系数 $m_1 = a_1 + b_1 i + c_1 j$，$m_2 = a_2 + b_2 i + c_2 j$，两者之和是联系数 $\mu = a + bi + cj$，记作 $\mu = \mu_1 + \mu_2$，其中 $a = (a_1 + a_2)$，$b = (b_1 + b_2)$，$c = (c_1 + c_2)$。由定义可以看出联系数满足加法结合律和交换律。

定义 4.3 假设有联系数 $m_1 = a_1 + b_1 i + c_1 j$，$m_2 = a_2 + b_2 i + c_2 j$，则它们的差是联系数 $\mu = a + bi + cj$，记作 $\mu = \mu_1 - \mu_2$，其中 $a = (a_1 - a_2)$，$b = (b_1 + b_2)$，$c = (c_1 - c_2)$。

设联系数 $\mu = a + bi + cj$，则 $-\mu$ 是一个联系数且 $-\mu = -a + bi - cj$；

设联系数 $\mu = bi$，则 $-\mu$ 是一个联系数且 $-\mu = bi = \eta$；

设联系数 $\mu = a + bi + cj$，则 $\mu - \mu = (b + b)i$；

设联系数 $m_1 = a_1 + b_1 i + c_1 j$，$m_2 = a_2 + b_2 i + c_2 j$，$m_3 = a_3 + b_3 i + c_3 j$，则 $\mu_1 - (\mu_2 + \mu_3) = \mu_1 - \mu_2 - \mu_3 = \mu_1 - \mu_3 - \mu_2$。

定义 4.4 设有联系数 $m_1 = a_1 + b_i i + c_1 j$，$m_2 = a_2 + b_2 i + c_2 j$，则有

$$\mu_1 \times \mu_2 = a_1 a_2 + (a_1 b_2 + b_1 a_2 + b_1 b_2 + c_1 b_2 + b_1 c_2)i + (a_1 c_2 + c_1 a_2 + c_1 c_2)j$$

设 $m_1 = a_1 + b_1 i + c_i j$，$m_2 = a_2 + b_2 i + c_2 j$，根据联系数的乘法定义有：

$$\mu_1 \times \mu_2 = (a_1 a_2 + c_1 c_2) + (a_1 b_2 + b_1 a_2 + b_1 b_2 + c_1 b_2 + b_1 c_2)i + (a_1 c_2 + c_1 a_2)j$$

而且 $\mu_1 \times \mu_2 = a_1 a_2 + (a_1 b_2 + b_1 a_2 + b_1 b_2 + c_1 b_2 + b_1 c_2)i + (a_1 c_2 + c_1 a_2 + c_1 c_2)j$，所以可以看出联系数的乘法满足交换律。

设 $m_1 = a_1 + b_1 i + c_i j$，$m_2 = a_2 + b_2 i + c_2 j$，$m_3 = a_3 + b_3 i + c_3 j$，则 $\mu_1 \times (\mu_2 \times \mu_3) = (\mu_1 \times \mu_2) \times \mu_3$，说明联系数的乘法满足结合律。

综上可知：（1）通过联系数的建立可以把可确定数与范围结合，不同的问题背景下，联系数的表达式不一样，比如，通过 0.45 这个数，可以建立联系数 $0.45+0.55i$。（2）联系数可以把微观上的不确定量和宏观层次的确定量进行联系，比如当差异度系数 $i=-0.5$ 时，$0.6+0.4i=0.4$ 中的 0.4 既是联系数 0.6 的表达式运算的结果，也是一个新的联系数 $0.4+0.6i$ 的确定项。所以对于一个联系数来说，删掉不确定项中的一部分，不一定使该不确定项变小，有时候甚至是变大。

4.3.2 联系数的态势建立

根据联系数中的联系分量可以确定系统的状态和演化趋势，其中"状态"指的是联系分量中 i 值不考虑的情况下的大小关系。"演化趋势"指的是考虑到 i

值的变化导致的状态的可能变化，将二者合二为一，统称为系统的"态势"[87]。在集对分析中，一般用集对势来反映集合之间的同异反程度，在联系数 $a + bi + cj$ 中，当 $c \neq 0$ 时，把同一度 a 与对立度 c 之间的比值 a/c 称为该系统的集对势[88]，用表达式 $SHI(H) = a/c$ 来表示，集对势的意义在于一个统一的研究框架下反映两个集合之间的联系趋势，$SHI(H) > 1$ 为同势，$SHI(H) = 1$ 为均势，$SHI(H) < 1$ 为反势，其中同势、均势、反势中又可以按照程度划分为准、强、弱、微等相应的等级，系统的态势划分见表 4-1。

表 4-1　联系度态势排序表

序号	a，b，c 大小关系	集对势	含　义
1	$a=c$，$b>a$	微均势	系统表现很明确的同一趋势
2	$a=c$，$b=a$	弱均势	系统表现出同一趋势为主
3	$a=c$，$a>b>0$	强均势	系统的同一趋势较弱
4	$a=c$，$b=0$	准均势	系统同一趋势十分微弱
5	$a>c$，$b=0$	准同势	系统同一、对立之间旗鼓相当
6	$a>c$，$c>b$	强同势	系统的同一对立趋势明显相等
7	$a>c$，$a>b>c$	弱同势	系统同一和对立的趋势虽相等，但表现不确定
8	$a>c$，$b>a$	微同势	系统同一和对立趋势虽相等，但显得很微弱
9	$a<c$，$b=0$	准反势	系统对立的趋势非常明确
10	$a<c$，$0<b<a$	强反势	系统表现出对立趋势为主
11	$a<c$，$b>a$，$b<c$	弱反势	系统对立的趋势较弱
12	$a<c$，$b>c$	微反势	系统对立的趋势显得很微弱
13	$c=0$，$a>b$	—	不确定
14	$c=0$，$a<b$	—	不确定

上表为一个标准的三元联系数系统排序，由于该排序在实际使用过程中具有全面性和便利性，很快受到人们的重视。2004 年，天津大学的王霞拓展了联系范数的维度，给出了四元联系数系统态势数值排序表[89]。四元联系数的一般形式为

$$U = A + Bi + Cj + Dk \tag{4-2}$$

其中 $\forall A$，B，C，$D \in Z^*$，$i \in [0, 1]$，$j \in [-1, 0]$，$k = -1$

$$令 N = A + B + C + D \tag{4-3}$$

用 N 除以等式两边，再令 $\mu = \dfrac{U}{N}$，$a = \dfrac{A}{N}$，$b = \dfrac{B}{N}$，$c = \dfrac{C}{N}$，$d = \dfrac{D}{N}$，则式（4-2）表示为：

$$\mu = a + bi + cj + dk \tag{4-4}$$

式中，a 为同一度分量；b 为差异偏同分量；c 为差异偏反分量；d 为对立度分量。通常把式（4-2）称为原型联系数，式（4-4）称为零阶四元联系数[89]，具体的四元态势表如表 4-2 所示。

表 4-2　四元联系数数值态势表

序号	四元联系数原型	零阶四元联系数	态势类	a，b，c 大小关系			
1	$U = A + Bi + Cj + Dk$	$\mu = a + bi + cj + dk$	准同势	$a > d$	$a > b$	$b = c$	$c = d$
2	$6 + 0i + 0j + 0k$	$1 + 0i + 0j + 0k$	弱同势	$a > d$	$a > b$	$b > c$	$c = d$
3	$5 + 1i + 0j + 0k$	$0.833 + 0.167i + 0j + 0k$	弱同势	$a > d$	$a > b$	$b < c$	$c > d$
4	$5 + 0i + 1j + 0k$	$0.833 + 0i + 0.167j + 0k$	强同势	$a > d$	$a > b$	$b = c$	$c < d$
5	$5 + 0i + j + 1k$	$0.833 + 0i + 0j + 0.167k$	弱同势	$a > d$	$a > b$	$b = c$	$c = d$
6	$4 + 2i + 0j + 0k$	$0.667 + 0.333i + 0j + 0k$	弱同势	$a > d$	$a > b$	$b = c$	$c > d$
7	$4 + 1i + 1j + 0k$	$0.667 + 0.167i + 0.167j + 0k$	——	$a > d$	$a > b$	$b > c$	$c < d$
8	$4 + 1i + 0j + 1k$	$0.667 + 0.167i + 0j + 0.167k$	——	$a > d$	$a > b$	$b < c$	$c = d$
9	$4 + 0i + 1j + 1k$	$0.667 + 0i + 0.167j + 0.167k$	强同势	$a > d$	$a > b$	$b = c$	$c < d$
10	$4 + 0i + 0j + 2k$	$0.667 + 0i + 0j + 0.333k$	——	$a > d$	$a = b$	$b > c$	$c = d$
11	$3 + 3i + 0j + 0k$	$0.5 + 0.5i + 0j + 0k$	——	$a > d$	$a > b$	$b > c$	$c > d$
12	$3 + 2i + 1j + 0k$	$0.5 + 0.333i + 0.167j + 0k$	弱同势	$a > d$	$a > b$	$b > c$	$c < d$
13	$3 + 2i + 0j + 1k$	$0.5 + 0.333i + 0j + 0.167k$	弱同势	$a > d$	$a > b$	$b = c$	$c > d$
14	$3 + 1i + 1j + 1k$	$0.5 + 0.167i + 0.167j + 0.167k$	强同势	$a > d$	$a > b$	$b > c$	$c < d$
15	$3 + 1i + 0j + 2k$	$0.5 + 0.167i + 0j + 0.333k$	强同势	$a > d$	$a > b$	$b < c$	$c < d$
16	$3 + 0i + 1j + 2k$	$0.5 + 0i + 0.167j + 0.333k$	强均势	$a = d$	$a > b$	$b = c$	$c < d$
17	$3 + 0i + 0j + 3k$	$0.5 + 0i + 0j + 0.5k$	微同势	$a > d$	$a < b$	$b > c$	$c = d$
18	$2 + 4i + 0j + 0k$	$0.333 + 0.667i + 0j + 0k$	微同势	$a > d$	$a < b$	$b > c$	$c > d$
19	$2 + 3i + 1j + 0k$	$0.333 + 0.5i + 0.167j + 0k$	微同势	$a > d$	$a < b$	$b > c$	$c < d$
20	$2 + 3i + 0j + 1k$	$0.333 + 0.5i + 0j + 0.167k$	微同势	$a > d$	$a = b$	$b > c$	$c > d$
21	$2 + 2i + 1j + 1k$	$0.333 + 0.333i + 0.167j + 0.167k$	弱均势	$a = d$	$a = b$	$b > c$	$c < d$
22	$2 + 2i + 0j + 2k$	$0.333 + 0.333i + 0j + 0.333k$	弱均势	$a = d$	$a > b$	$b = c$	$c < d$
23	$2 + 1i + 1j + 2k$	$0.333 + 0.167i + 0.167j + 0.333k$	强反势	$a < d$	$a > b$	$b > c$	$c < d$
24	$2 + 1i + 0j + 3k$	$0.333 + 0.167i + 0j + 0.5k$	强反势	$a < d$	$a > b$	$b < c$	$c < d$
25	$2 + 0i + 1j + 3k$	$0.333 + 0i + 0.167j + 0.5k$	准反势	$a < d$	$a > b$	$b = c$	$c < d$
26	$2 + 0i + 0j + 4k$	$0.333 + 0i + 0j + 0.667k$	微同势	$a > d$	$a < b$	$b > c$	$c = d$
27	$1 + 5i + 0j + 0k$	$0.167 + 0.833i + 0j + 0k$	微同势	$a > d$	$a < b$	$b > c$	$c > d$
28	$1 + 4i + 1j + 0k$	$0.167 + 0.667i + 0.167j + 0k$	微均势	$a = d$	$a > b$	$b > c$	$c < d$
29	$1 + 4i + 0j + 1k$	$0.167 + 0.667i + 0j + 0.167k$	微均势	$a = d$	$a < b$	$b > c$	$c = d$

序号	四元联系数原型	零阶四元联系数	态势类	a, b, c 大小关系			
30	$1 + 3i + 1j + 1k$	$0.167 + 0.5i + 0.167j + 0.167k$	微反势	$a < d$	$a < b$	$b > c$	$c < d$
31	$1 + 3i + 0j + 2k$	$0.167 + 0.5i + 0j + 0.333k$	微反势	$a < d$	$a < b$	$b > c$	$c < d$
32	$1 + 2i + 1j + 2k$	$0.167 + 0.333i + 0.167j + 0.333k$	弱反势	$a < d$	$a < b$	$b > c$	$c < d$
33	$1 + 2i + 0j + 3k$	$0.167 + 0.333i + 0j + 0.5k$	弱反势	$a < d$	$a = b$	$b = c$	$c < d$
34	$1 + 1i + 1j + 3k$	$0.167 + 0.167i + 0.167j + 0.5k$	—	$a < d$	$a = b$	$b > c$	$c < d$
35	$1 + 1i + 0j + 4k$	$0.167 + 0.167i + 0j + 0.667k$	—	$a < d$	$a > b$	$b < c$	$c < d$
36	$1 + 0i + 1j + 4k$	$0.167 + 0.167i + 0j + 0.667k$	准反势	$a < d$	$a > b$	$b = c$	$c < d$
37	$1 + 0i + 0j + 5k$	$0.167 + 0i + 0j + 0.833k$	微均势	$a = d$	$a = b$	$b = c$	$c = d$
38	$0 + 6i + 0j + 0k$	$0 + 1i + 0j + 0k$	微均势	$a = d$	$a < b$	$b > c$	$c > d$
39	$0 + 5i + 1j + 0k$	$0 + 0.833i + 0.167j + 0k$	微反势	$a < d$	$a < b$	$b > c$	$c < d$
40	$0 + 5i + 0j + 1k$	$0 + 0.833i + 0j + 0.167k$	微反势	$a < d$	$a < b$	$b > c$	$c = d$
41	$0 + 4i + 1j + 1k$	$0 + 0.667i + 0.167j + 0.167k$	微反势	$a < d$	$a < b$	$b > c$	$c < d$
42	$0 + 4i + 0j + 2k$	$0 + 0.667i + 0j + 0.333k$	微反势	$a < d$	$a < b$	$b > c$	$c < d$
43	$0 + 3i + 1j + 2k$	$0 + 0.5i + 0.167j + 0.333k$	—	$a < d$	$a < b$	$b > c$	$c < d$
44	$0 + 3i + 0j + 3k$	$0 + 0.5i + 0j + 0.5k$	—	$a < d$	$a < b$	$b > c$	$c < d$
45	$0 + 2i + 1j + 3k$	$0 + 0.333i + 0.167j + 0.5k$	弱反势	$a < d$	$a < b$	$b > c$	$c < d$
46	$0 + 2i + 0j + 4k$	$0 + 0.333i + 0j + 0.667k$	弱反势	$a < d$	$a < b$	$b > c$	$c < d$
47	$0 + 1i + 1j + 4k$	$0 + 0.167i + 0.167j + 0.667k$	弱反势	$a < d$	$a < b$	$b > c$	$c < d$
48	$0 + 1i + 0j + 5k$	$0 + 0.167i + 0j + 0.833k$	弱反势	$a < d$	$a = b$	$b < c$	$c < d$
49	$0 + 0i + 1j + 5k$	$0 + 0i + 0.167j + 0.833k$	准反势	$a < d$	$a = b$	$b = c$	$c < d$

　　上述的态势表并没有给出两两相邻联系数之间的数值差，如果再次细化，数值差可以反映集对势之间的差度[89]，也就是通过乘积放大，将同一度、差异度、对立度用数值表示[89]。实际情况中通过查询态势表进行排序，如 $5 + 1i + 0j + 0k$，$5 + 0i + 1j + 0k$ 和 $5 + 0i + 0j + 1k$，通过排序可知三者的强弱关系：$5 + 1i + 0j + 0k > 5 + 0i + 1j + 0k > 5 + 0i + 0j + 1k$。

4.3.3　联系数群构建

　　定义 4.5　定义二元运算：假设有一个非空集合 S，做二元运算"。"表示 $S \times S \to S$ 的一个映射。即 $\forall a$, $b \in S$，有 $a \circ b = c \in S$。

　　定义 4.6　定义半群：假设有一个非空集合 S，根据定义 4.5 的二元运算满足结合律，对于任何 a, b, $c \in S$，有 $a \circ (b \circ c) = (a \circ b) \circ c$，则把代数系统 $(S, \circ)$ 称做半群，有时就称 S 为半群。

定义 4.7 定义含幺半群：对于二元运算。，假设有半群（M，。），对于任何 a，b，$c \in M$，有 $a \circ (b \circ c) = (a \circ b) \circ c$，并且有元素 $e \in M$，则对于任何 $a \in M$，把（M，。）称为含幺半群。

定义 4.8 假如含幺半群（G，。）中 G 的每一个元都可逆，则把群看作是一个二元运算集合，并满足以下三个条件：

（1）当 $\forall a$，b，$c \in G$，有 $a \circ (b \circ c) = (a \circ b) \circ c$，则结合律成立。

（2）当 G 中存在元素 e，$\forall a \in G$，有 $e \circ a = a \circ e = a$，则存在单位元。

（3）当 $\forall a \in G$，存在 $a^{-1} \in G$，使 $e \circ a^{-1} = a^{-1} \circ e = a^{-1}$，则存在逆元。

当群 G 的二元运算满足交换律，则把称（G，0）为交换群，或 Abel 群。由联系数的运算性质可知对 $\forall m_1$，m_2，$m_3 \in U$，有

（1）$m_1 \times (m_2 \times m_3) = (m_1 \times m_2) \times m_3$。

（2）若存在单位元，则 U 中有元素 $e = 1 + 0i + 0j$，$\forall \mu \in U$，有 $e \times \mu = \mu \times e = \mu$。

（3）逆元存在，即 $\forall \mu \in U$，存在 $\mu^{-1} \in U$，使 $\mu^{-1} \times \mu = \mu \times \mu^{-1} = e$。

证明： 若已知 $\mu = a + bi + cj$，设 $\mu^{-1} = a_1 + b_1 i + c_1 j$，则

$$\mu \times \mu^{-1} = (a + bi + cj)(a_1 + b_1 i + c_1 j) = (aa_1 + cc_1) + (ab_1 + bb_1 + cb_1 + c_1 b)i + (ac_1 + ca_1)j = 1 + 0i + 0j \tag{4-5}$$

即

$$\begin{cases} aa_1 + cc_1 = 1 \\ (ab_1 + bb_1 + cb_1 + a_1 b + c_1 b)i = 0 \\ (ac_1 + ca_1) = 0 \end{cases} \tag{4-6}$$

得

$$\begin{cases} a_1 = \dfrac{a}{a^2 - c^2} \\ b_1 = -\dfrac{b}{(a+c)(a+b+c)} \\ c_1 = \dfrac{c}{c^2 - a^2} \end{cases} \tag{4-7}$$

也就是说，$\mu^{-1} = a_1 = \dfrac{a}{a^2 - c^2} - \dfrac{b}{(a+c)(a+b+c)}i + \dfrac{c}{c^2 - a^2}j$，所以 μ^{-1} 是存在的，且有 $\dfrac{a}{a^2 - c^2} + \left(-\dfrac{b}{(a+c)(a+b+c)}\right) + \dfrac{c}{c^2 - a^2} = \dfrac{a-c}{a^2 - c^2} + \dfrac{-b}{(a+c) \cdot 1} = \dfrac{1-b}{a+c} = \dfrac{a+c}{a+c} = 1$，即 $\mu^{-1} \in U$。如果联系数构成群的条件，则可以称之为联系数群，根据联系数的特点可知，联系数群是一个交换群。

综上可知，集对分析中联系数态势的研究目前还是在初级阶段，且都集中在一维，对于多维态势结构研究尚未深入。联系数的提出具有重要意义，能够把具体的数与范围内的确定和不确定性联系起来，为研究复杂系统提供了新的视角。本章将继续拓展联系数的理论范畴，将多元联系数应用于高温矿井热湿环境对矿工身心安全的影响态势评估。

4.4 高温矿井热湿环境对矿工身心安全的影响态势评估模型

矿工身心安全的影响态势指标体系中，除少部分定量指标外，其余都为定性指标，因此评价主观性较强，客观性较弱，单一的数理计算方法不能够确定权重。并且，专家打分时由于经验、知识等方面的差异，赋权结果受人为因素影响较大，不能反映真实的权重水平[90]。因此，在采用模糊层次分析法（FAHP）确定初始权重之后，再借助于信息熵法（IE）对初始权重进行修正和优化，能够得到可信度较高的权重。得出指标权重后，用五元联系数构建影响态势评估模型，并计算其一阶、二阶、三阶、四阶偏联系数，判断矿工身心安全的受影响态势及发展趋势。

具体的操作步骤如图 4-2 所示。

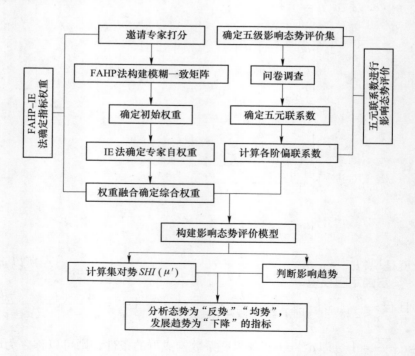

图 4-2　矿工身心安全的影响态势评估流程图

4.4.1　FAHP 法确定指标初始权重

FAHP 法确定指标初始权重的首要条件是模糊判断矩阵的建立，借助文献分析和专家意见确定矿工 HVB 指标体系之后[91~94]，采用 0.1~0.9 的标度方法将准则层和决策层的指标进行两两比较，通过对多个矿山进行现场调研，邀请矿山安全、职业健康领域十位专家进行打分，按打分结果进行分值相近归并，归并结果为四组，得到 1×4 个准则层的模糊判断矩阵，6×4 个决策层的模糊判断矩阵。具体计算中，为了避免一致性检验，模糊判断矩阵可以转化为模糊一致性矩阵。

用 $\boldsymbol{R}$ 表示模糊判断矩阵，$\boldsymbol{Q}$ 表示模糊一致性矩阵，转化过程如下：

$$\boldsymbol{R} = \begin{bmatrix} r_{11} & r_{12} & \cdots & r_{1n} \\ r_{21} & r_{22} & \cdots & r_{2n} \\ \vdots & \vdots & & \vdots \\ r_{n1} & r_{n2} & \cdots & r_{nn} \end{bmatrix} \xrightarrow[\text{式(1)式(2)}]{\text{转化}} \boldsymbol{Q} = \begin{bmatrix} q_{11} & q_{12} & \cdots & q_{1n} \\ q_{21} & q_{22} & \cdots & q_{2n} \\ \vdots & \vdots & & \vdots \\ q_{n1} & q_{n2} & \cdots & q_{nn} \end{bmatrix}$$

$$q_i = \sum_{j=1}^{n} r_{ij} \quad (j = 1, 2, \cdots, n) \tag{4-8}$$

$$q_{ij} = \frac{q_i - q_j}{2n} + 0.5 \quad (j = 1, 2, \cdots, n) \tag{4-9}$$

模糊一致矩阵建立之后，分别计算矩阵 $\boldsymbol{Q} = (q_{ij})_{n \times n}$ 各行元素之和（除对角线元素），然后计算矩阵不含对角线元素的总和，因为对角线元素是自身比较，无实际意义，故不参与计算。

$$\sum_i a_i = \frac{n(n-1)}{2} \quad (i = 1, 2, \cdots, n) \tag{4-10}$$

$$a_i = \sum_{j=1}^{n} q_{ij} - 0.5 \tag{4-11}$$

由于 a_i 表示因素 i 对于上层指标的重要性（包括准则层因素对目标层重要程度，决策层因素对准则层重要程度），所以对 a_i 进行归一化计算就能得到矿工 HVB 指标初始权重。

$$\omega_i = \frac{a_i}{\sum_i a_i} = \frac{2a_i}{n(n-1)} \tag{4-12}$$

4.4.2　IE 法确定自权重

在建立模糊判断矩阵时，首先假定一个最优专家，假设他的模糊判断矩阵的可信度最高，则其他评价专家与其相比，差距越大，可信度越低，差距越小，可信度越高。这种差距用信息熵表示。

假设共有 m 个评价专家，分别用 S_1, S_2, $\cdots$, S_m 表示；有 n 个评价指标，分

别用 B_1，B_2，$\cdots$，B_n 表示，则 $x_{ij}(i = 1, 2, \cdots, m; j = 1, 2, \cdots, n)$ 表示评价主体 i 对安全性指标 j 的评价值，$x_i = (x_{i1}, x_{i2}, \cdots, x_{in})^T \in E^n$ 表示每个评价主体的评价集，即第 i 个专家对 n 个安全性指标依次进行评价组成的集合，$X = (x_{ij})_{m \times n}$ 表示 m 个专家对 n 个指标的一次性评估[95]。

假设信息 A 在状态空间 x 上的条件概率为 $p(x_k, y_l)(k, l = 1, 2, \cdots, n)$，$A$ 传递矩阵是 $\boldsymbol{E}(A) = (e_1, e_2, \cdots, e_n)$，其中 $e_l(l = 1, 2, \cdots, n)$ 表示状态 l 时信息 A 的精确度，该值越大，则精确度越高。

$$e_l = \frac{1}{n-1} \sum_{k=1}^{n} [p(y_l/x_l) - p(y_k/x_l)] \quad (l = 1, 2, \cdots, n) \tag{4-13}$$

$$h_k = \begin{cases} -e_k \ln e_k \\ 2/e - e_k |\ln e_k| \end{cases} \quad (1/e \leqslant e_k \leqslant 1)(-1/n - 1 \leqslant e_k \leqslant 1/e) \tag{4-14}$$

$H(A) = \displaystyle\sum_{k=1}^{n} h_k$ 表示信息 A 的传递熵，即 A 的不确定性程度。

然后，专家评价水平还可以这样表示：

$E_i = (e_{i1}, e_{i2}, \cdots, e_{in})$，$e_{ik} = 1 - |x_{ik} - \bar{x}_{ik}|/\max x_{ik}$，$(i = 1, 2, \cdots, m; k = 1, 2, \cdots, j)$

因此，专家评价模型如下所示：

$$H_i = \sum_{j=1}^{n} h_{ij} \tag{4-15}$$

H 表示第 i 个专家对各指标给出评价结果的不确定性，H_i 越小，则该专家的评价水平越高，评价结果更为可靠。

根据以上计算可以判断出哪位专家与整个专家组的评价结果最接近，该专家就是前文所说的最优专家 S^*。

专家自权重模型如下所示：

$$C_i = \frac{1/H_i}{\sum 1/H_i} \quad (i = 1, 2, \cdots, m) \tag{4-16}$$

4.4.3　权重融合

把用 FAHP 方法公式（4-12）计算出的指标权重与用公式（4-16）计算出的专家自权重结合[96]，从而得出热湿环境对矿工身心安全的影响态势指标体系的总权重。计算公式如下：

$$W_i = \sum_{j=1}^{m} \omega_j \times C_j \quad (i = 1, 2, \cdots, n) \tag{4-17}$$

公式（4-17）中，W_i 表示 m 位评价专家对第 i 个影响态势指标的综合评判结果，$\omega_j(j = 1, 2, \cdots, m)$ 表示每位专家对某影响态势指标的评价结果，$C_j(j = 1$，

2, …, m）表示每位专家的自权重。

4.4.4 矿工身心安全影响态势评估模型

根据影响程度，可采用五级影响态势集，表示为 $U = \{u_1, u_2, u_3, u_4, u_5\} = \{$低影响，较低影响，中等影响，较高影响，高影响$\}$。为了更好地评价矿工身心安全受热湿环境的影响态势及发展趋势，采用集对分析理论中五元联系数构建矿工身心安全态势的影响度模型[97~99]。

五元联系数通常表示为：

$$\mu = a + bi + cj + dk + el \tag{4-18}$$

其中，a，b，c，d，$e \in [0, 1]$；$i \in [0, 1]$；$j \in [0, 0]$ 为中性标记，不表示 $j = 0$；$k \in [-1, 0]$；$l = -1$；a，b，c，d，e 具有层次性，并且相加之和为 1。

五元联系数的偏联系数能够反映状态的发展趋势，一阶到四阶偏联系数依次表示为式（4-19）~式（4-22）[100]：

$$\partial^2\mu = \partial^2 a + i\partial^2 b + j\partial^2 c \tag{4-19}$$

$$\partial\mu = \partial a + i\partial b + j\partial c + k\partial d \tag{4-20}$$

$$\partial^3\mu = \partial^3 a + i\partial^3 b \tag{4-21}$$

$$\partial^4\mu = \partial^4 a \tag{4-22}$$

式中，∂a、∂b 等未知数的计算方法详见参考文献[101]。为了更好地描述矿工 HVB 身心安全态势变化趋势，计算一阶偏联系数时，令 $i = 0$，$j = 0$，$k = -1$；计算二阶偏联系数时，令 $i = -1$，$j = -1$；计算三阶偏联系数时，令 $i = -1$。当 $\partial^i\mu > 0$ 时，趋势为"提高"，矿工 HVB 身心安全态势等级降低，状态好转；当 $\partial^i\mu = 0$ 时，趋势为"不确定"，矿工 HVB 身心安全态势处于过渡阶段；当 $\partial^i\mu < 0$ 时，趋势为"下降"，矿工 HVB 身心安全态势等级提高，状态恶化[102]。

对式（4-17）计算出的各评价指标权重进行修正，与五元联系数式（4-18）结合，得到身心安全态势的同异反评估模型：

$$\mu' = W'_i \cdot R \cdot E^{\mathrm{T}} = (W'_1, W'_2, \cdots, W'_i) \begin{bmatrix} u_{11} & u_{12} & u_{13} & u_{14} & u_{15} \\ u_{21} & u_{22} & u_{23} & u_{24} & u_{25} \\ \vdots & \vdots & \vdots & \vdots & \vdots \\ u_{i1} & u_{i2} & u_{i3} & u_{i4} & u_{i5} \end{bmatrix} \begin{bmatrix} 1 \\ i \\ j \\ k \\ l \end{bmatrix}$$

$$= \sum_{s=1}^{i} W'_s u_{s1} + \sum_{s=1}^{i} W'_s u_{s2}i + \sum_{s=1}^{i} W'_s u_{s3}j + \sum_{s=1}^{i} W'_s u_{s4}k + \sum_{s=1}^{i} W'_s u_{s5}l \tag{4-23}$$

简记为 $\mu' = a' + b'i + c'j + d'k + e'l$。其中，$a'$，$e'$ 为确定项；b'，c'，d' 为不确定项。a'，b'，c'，d'，e' 分别表示指标属于"低影响""较低影响""中等影响""较高影响""高影响"的程度。

上述的矿工身心安全态势影响评价模型只能对高温矿井环境下矿工安全态势进行静态描述，在实际应用中，对风险的动态把握也是至关重要的，因此可以用集对势 $SHI(\mu') = a/e$ 进行刻画。当 $SHI(\mu') > 1$ 时，系统趋势为"同势"，矿工 HVB 身心安全态势与理想身心安全标准趋于一致；当 $SHI[\mu'] = 1$ 时，系统趋势为"均势"；当 $SHI(\mu') < 1$ 时，系统趋势为"反势"，矿工 HVB 身心安全态势与理想身心安全标准趋于对立。应集中整改呈现"反势"的评价指标，使系统的风险不断降低，达到安全水平。

4.5　热湿环境下矿工身心安全态势影响等级评定

4.5.1　矿工身心安全态势影响等级划分

依据前述分析，将热湿环境下矿工身心安全态势影响等级划分为五级，表示为 $U = \{u_1, u_2, u_3, u_4, u_5\} = \{$低影响，较低影响，中等影响，较高影响，高影响$\}$，如表 4-3 所示。

表 4-3　安全态势影响划分

评审等级		心理 A_1	行为 A_2	生理 A_3
低影响	A	得分率≥95%	得分率≥95%	得分率≥95%
较低影响	B	95%>得分率≥85%	95%>得分率≥85%	95%>得分率≥85%
中等影响	C	85%>得分率≥75%	85%>得分率≥75%	85%>得分率≥75%
较高影响	D	75%>得分率≥60%	75%>得分率≥60%	75%>得分率≥60%
高影响	E	得分率<60%	得分率<60%	得分率<60%

4.5.2　物元可拓评定模型的建立及改进

物元可拓评定模型是一种融合了可拓集合论思想和物元理论的评价模型，可以用来对不相容的对象进行评定[103~107]。设有待评事物为 N，事物的特征为 C，特征的具体量值为 V，将三者有机地结合在一起构成物元 $R(N, C, V)$，通过经典域、节域和关联度的计算分析，确定待评对象的等级。

物元可拓有两个方面的缺陷：一方面，如果物元量值超出节域范围，则关联度无解；另一方面，常权确定权重的方法难以反映指标量值的水平分布，具有一定的主观性。基于此，对传统物元可拓模型进行如下两方面的改进：一方面，利用隶属函数规格化物元量值[108]，一并解决量纲问题；另一方面，利用变权理论和改进熵值法分别确定权重，加权得到指标的最终权重值。

（1）确定待评物元 R_F、经典物元 R_d 和节域 R_j，见式（4-24）~式（4-26）。

$$\boldsymbol{R}_F = (F_l,\ C_i,\ V_i) = \begin{bmatrix} F_l & C_1 & V_{l1} \\ & C_2 & V_{l2} \\ & \vdots & \vdots \\ & C_n & V_{ln} \end{bmatrix} \tag{4-24}$$

式中，F_l 为待评定物元；C_1，C_2，$\cdots$，C_n 为待评物元 F_l 的特征指标；V_1，V_2，$\cdots$，V_n 为各指标的实际量值。

$$\boldsymbol{R}_d = (N_d,\ C_i,\ V_{di}) = \begin{bmatrix} N_d & C_1 & V_{d1} \\ & C_2 & V_{d2} \\ & \vdots & \vdots \\ & C_n & V_{dn} \end{bmatrix} = \begin{bmatrix} N_d & C_1 & (a_{d1},\ b_{d1}) \\ & C_2 & (a_{d2},\ b_{d2}) \\ & \vdots & \vdots \\ & C_n & (a_{dn},\ b_{dn}) \end{bmatrix} \tag{4-25}$$

式中，N_d 为安全生产的第 d 个风险等级（$d = 1,\ 2,\ \cdots,\ m$）；V_{di} 为各指标的取值范围；a_{di} 为相应特征指标的取值下限；b_{di} 为特征指标量值的上限。

$$\boldsymbol{R}_j = (N,\ C_i,\ V_{ji}) = \begin{bmatrix} N & C_1 & V_{j1} \\ & C_2 & V_{j2} \\ & \vdots & \vdots \\ & C_n & V_{jn} \end{bmatrix} = \begin{bmatrix} N & C_1 & (a_{j1},\ b_{j1}) \\ & C_2 & (a_{j2},\ b_{j2}) \\ & \vdots & \vdots \\ & C_n & (a_{jn},\ b_{jn}) \end{bmatrix} \tag{4-26}$$

式中，N 为安全生产风险等级的全体；V_{ji} 为 N 对应的 C_i 的取值范围；a_{ji} 为下限；b_{ji} 为上限。

（2）物元量值的规格化。针对物元量值超出节域范围造成关联函数失效的问题，采用隶属函数规格化物元量值[109]。在特征指标与物元量值之间引入中间变量 p，见式（4-27）。

$$p = \begin{cases} 1, & \text{当指标为取值越大越优时} \\ 0, & \text{当指标为取值越小越优时} \end{cases} \tag{4-27}$$

则物元量值规格化后的表达式为式（4-28）

$$V'_{li} = \begin{cases} p, & V_{li} \geqslant b_{ji} \\ \dfrac{(b_{ji} - V_{li})^{1-p}(V_{li} - a_{ji})^p}{b_{ji} - a_{ji}}, & V_{li} \in (a_{ji},\ b_{ji}) \\ 1-p, & V_{li} \leqslant a_{ji} \end{cases} \tag{4-28}$$

式中，V'_{li} 为经规格化之后的物元量值；V_{li} 为待评物元 F_l 相应指标 C_i 的实际量值。

由式（4-28）可以看出，该公式解决了量纲问题，通过这个步骤对原始数据指标量值处理后，不必再对数据进行归一化处理。

（3）确定权重。分别利用变权理论和熵权法确定指标权重，然后将两种方法相结合，确定出最终的指标权重，各指标权重满足条件 $\sum_{i=1}^{n} \omega_i = 1$。

1）利用变权理论[110]确定指标的权重，见式（4-29）。

$$\omega_i^* = \frac{\exp[\alpha(d_{i,\,max} - d_{i,\,min})]}{\sum\limits_{i=1}^{n} \exp[\alpha(d_{i,\,max} - d_{i,\,min})]} \tag{4-29}$$

式中，$d_{i,\,max} = \max\{|V'_{li} - a_{ji}|, |b_{ji} - V'_{li}|\}$，$d_{i,\,min} = \min\{|V'_{li} - a_{ji}|, |b_{ji} - V'_{li}|\}$；$\alpha$ 为变权因子，此处取 -1，体现出指标的平等均衡性。α 具体取值见表 4-4。

表 4-4　变权因子 α 的取值表

α 的取值	代　表　意　义
$\alpha > 0$	N 维激励性状态变权向量，对各指标均衡性的要求不是很高
$\alpha = 0$	常权模型
$\alpha \in (-1, 0)$	N 维激励性状态变权向量，而且 α 越小，说明决策者对指标的平等均衡性考虑程度更大
$\alpha = -1$	体现各评价指标的平等均衡性
$\alpha < -1$	决策者已经走向极端，应当避免

2）利用改进熵权法[111]确定权重。设有 f 个待评对象，n 个特征指标，形成评价矩阵 $X = (v_{li})_{f \times n}$（其中 $l = 1, 2, \cdots, f$；$i = 1, 2, \cdots, n$），先求出各特征指标 C_i 的熵值 E_i：

$$E_i = -\frac{1}{\ln f}\sum_{l=1}^{f} P_{li} \cdot \ln P_{li}$$

式中，$P_{li} = \dfrac{V'_{li}}{\sum\limits_{l=1}^{f} V'_{li}}$ 表示第 i 个特征指标下第 l 个待评对象的比重，且当 $P_{li} = 0$ 时，定义 $E_i = 0$。V'_{li} 表示待评物元规格化之后的量值。

权重表达式见式（4-30）。

$$\omega_i = \frac{1 - E_i}{\sum\limits_{i=1}^{n} (1 - E_i)} \tag{4-30}$$

式中，$1 - E_i$ 为信息熵冗余度。

利用式（4-30）计算指标权重存在缺陷，当各样本的同一个指标都接近 1 时，该指标的熵值越靠近 $1 - E_i$，即逼近 0，则由此所计算出的指标权重会很小，与其余指标权重相差较大，故将式（4-30）改进如下：

$$\omega'_i = \frac{e^{\left(\sum\limits_{i=1}^{n} E_i + 1 - E_i\right)} - e^{E_i}}{\sum\limits_{i=1}^{n} \left[e^{\left(\sum\limits_{i=1}^{n} E_i + 1 - E_i\right)} - e^{E_i}\right]} \tag{4-31}$$

3）最终权重表达式为

$$\omega_i = \alpha \omega_i^* + \beta \omega_i' \tag{4-32}$$

偏好系数 α 和 β 的确定按式（4-33）~式（4-35）计算。

$$d(\omega_i^*, \omega_i')^2 = \sqrt{\sum_{i=1}^{n} (\omega_i^* - \omega_i')^2} \tag{4-33}$$

$$d(\omega_i^*, \omega_i')^2 = (\alpha - \beta)^2 \tag{4-34}$$

$$\alpha + \beta = 1 \tag{4-35}$$

式中，$d(\omega_i^*, \omega_i')$ 表示距离函数。

（4）确定指标关联度。根据可拓学中距的定义来计算指标的关联度，见式（4-36）。

$$K_d(V_i) = \begin{cases} \dfrac{-\rho(V_i, V_{di})}{|V_{di}|}, & V_i \in V_{di} \\ \dfrac{\rho(V_i, V_{di})}{\rho(V_i, V_{ji}) - \rho(V_i, V_{di})}, & V_i \notin V_{di} \end{cases} \tag{4-36}$$

式中，$\rho(V_i, V_{di}) = \left| V_{li}' - \dfrac{a_{di} + b_{di}}{2} \right| - \dfrac{1}{2}(b_{di} - a_{di})$，$\rho(V_i, V_{ji}) = \left| V_{li}' - \dfrac{a_{ji} + b_{ji}}{2} \right| - \dfrac{1}{2}(b_{ji} - a_{ji})$ 为待评物元量值与经典域之间的距离；$\rho(V_i, V_{ji})$ 为待评物元量值节域之间的距离；$K_d(V_i)$ 为 V_i 的关联函数；$|V_{di}| = |b_{di} - a_{di}|$ 为区间长度。

将式（4-36）中求得的关联函数规格化处理，即

$$K_{di} = \frac{K_d(V_i)}{\max |K_d(V_i)|} \tag{4-37}$$

（5）进行风险等级评定。待评物元 $\boldsymbol{R}_F$ 关于风险等级 N_d 的关联度[110] 为

$$K_d(\boldsymbol{R}_F) = \sum_{i=1}^{n} \omega_i K_{di} \tag{4-38}$$

1）待评物元的风险等级为各个样本关于各级风险的关联度的最大值，公式如下：

$$d' = \max[K_d(\boldsymbol{R}_F)] \tag{4-39}$$

2）还可以利用变量特征值确定样本的风险等级，公式如下：

$$\overline{K}_d(\boldsymbol{R}_F) = \frac{K_d(\boldsymbol{R}_F) - \min\limits_d[K_d(\boldsymbol{R}_F)]}{\max\limits_d[K_d(\boldsymbol{R}_F)] - \min\limits_d[K_d(\boldsymbol{R}_F)]} \tag{4-40}$$

得：

$$d' = \frac{\sum\limits_{d=1}^{m} d K_d(\boldsymbol{R}_F)}{\sum\limits_{d=1}^{m} K_d(\boldsymbol{R}_F)} \tag{4-41}$$

4.6   本章小结

本章基于热湿环境对矿工身心安全的影响态势指标体系，提出基于集对分析的矿工身心安全影响态势评估模型。利用扩展的多元联系数计算矿工身心安全态势的偏联系度，将传统的三元联系数集对分析拓展为与矿工自身安全影响态势等级相适应的五元联系数模型，将模糊层次分析理论（FAHP）与信息熵理论（IE）结合，确定影响指标的权重。对多元联系数不断求偏导，得出矿工身心安全态势影响偏联系度的计算方法，利用偏联系度和跃迁距离综合反映矿工身心安全态势受热湿环境影响的发展趋势，最后采用物元可拓模型评定矿工身心安全态势影响等级。

5 高温矿井热害治理及防护对策

<<<<<<<<<<<<<<<<<<<<<<<<<<<<<<<<<<<<<<<<<<<<<<<<<<<<<<

本章在前述章节对高温矿井热湿环境模拟分析、热湿因素对矿工身心安全影响机理认识、矿工安全态势评估的基础上，结合高温矿井井下主要生产作业场所的特点，有针对性地制定有效的热害治理对策及矿工自我防护策略。

5.1 人工制冷降温

根据所采取降温措施，高温矿井热害治理对策可以分为非人工制冷降温、人工制冷降温。非人工制冷降温以采取通风降温、隔热疏导、个体防护为主导方式，人工制冷降温以采用人工制冷水降温、人工制冰降温、热电冷混合联产制冷降温为主要方式。非人工制冷降温由于降温能力的有限性，实施效果局限性明显。

人工制冷降温，又称为机械制冷降温，采用制冷机组产生冷量，达到降温目的。人工制冷降温是目前高温矿井热害治理的主流技术手段。根据地下矿井降温场所的不同特点，可灵活采用以下三种对策：

（1）地面集中式降温。将机械制冷设备安装于地表，通过输送管道将冷空气送到需要降温治理的井下作业场所。

（2）井下集中式降温。将机械制冷设备安装于坑内硐室，通过输送管道或井巷将冷空气直接送到井下高温作业场所。

（3）地面-井下联合降温。以上两种对策的联合方式，适用于多治理场所、制冷量较大的高温矿井热害治理。

5.1.1 地面集中式制冷降温

该方式将制冷降温设备安装在地表厂房内，排弃冷凝热方便，产生的低温冷冻水输送到井下高温作业场所，一般通过设置压力转换器将高压水转换为低压水，利用水泵将低温冷冻水输送到安装在各采掘作业面附近的空冷器中[112]，在空冷器内完成低温冷冻水与高温风流之间的热交换产生低温风流，实现高温作业场所降温。其降温系统流程如图 5-1 所示。

该对策优点为：（1）产生的冷凝热直接排放在地表，减少井下二次热害的产生；（2）降温设备的安装、维护、使用方便；（3）冬季地表温度低，便于利用天然冷源；（4）井下硐室等施工工程量少。缺点为：（1）井下和地面直接高压冷水的降压处理困难，降压处理过程中冷损量大；（2）长距离的输冷过程中冷量损失多，井下的降温效率不高；（3）供冷管道保温工作增加了降温成本。

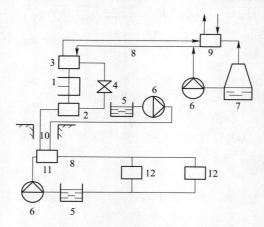

图 5-1　地面集中式降温系统流程图

1—压缩机；2—蒸发器；3—冷凝器；4—节流阀；5—冷水池；6—水泵；7—冷却塔；
8—冷水管；9—换热器；10—隔热管；11—高低压换热器；12—空冷器

该对策适用于地表场地宽阔、便于安装实施，而井下施工难度较大、生产作业场所相对少且集中、输冷系统直接的矿井。

5.1.2　井下集中式制冷降温

井下集中式降温对策的思路是指将制冷机组设置在井下大断面硐室中，制冷机组产生的冷凝热需要通过井下排水排弃或者通过回风系统排出井外[113]，否则会产生井下二次热害。（1）借助矿井涌水排放冷凝热，矿井水吸冷凝热→流入井下水仓→高压泵排水排热。（2）借助回风系统排放冷凝热，热蒸汽排到回风井→回风系统排风排热。该降温系统流程如图 5-2 所示。

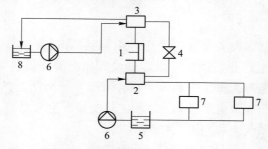

图 5-2　井下集中式降温系统流程图

1—压缩机；2—蒸发器；3—冷凝器；4—节流阀；5—冷水池；6—水泵；7—空冷器；8—水冷器

该对策优点为：（1）制冷降温设备在井下、输送距离短、冷损量少；（2）冷冻水不需要高低压转换、降温效率高。（3）系统装备简单、装机容量小。缺点为：（1）井下空间小的情况下安装工程费用高，降温成本增加；（2）井下冷凝热的排放容易产生二次热害；（3）井下的高温高湿环境中，治冷降温设备维护成本高、易于损坏。

该对策适用于地表场地受限、不便于地表安装实施，而井下施工难度不大、便于井下制冷、直接输冷到作业面的矿井。

5.1.3 地面、井下联合制冷降温

该对策立足于综合上述两种对策的优点，采用两级制冷，井下制冷机组产生的低温冷冻水直接用于井下高温作业场所降温[114]，井下制冷机组产生的冷凝热利用地表制冷机组产生的低温冷冻水吸收，最大限度地避免井下二次热害。其降温系统的流程如图 5-3 所示。

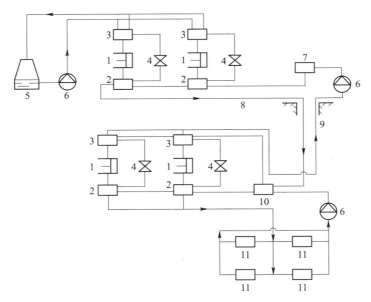

图 5-3　地面、井下联合降温系统流程图
1—压缩机；2—蒸发器；3—冷凝器；4—节流阀；5—冷却塔；6—水泵；
7—空气预冷器；8—输冷管；9—回流管；10—高低压转换器；11—空冷器

该系统优点为：（1）地面降温系统低温冷冻水吸收井下制冷机组排放的冷凝热，防止井下二次热害；（2）井下制冷降温系统的制冷量大，作业面上的降温效率高。缺点为：（1）井上、井下同时建立制冷降温系统，制冷降温系统相对复杂，运行成本高；（2）制冷降温设备分布在井下和地面，设备安装位置太

分散，增加了维修和管理难度；（3）井下安装降温设备，同样增加了降温成本。

该对策适用于生产规模大、需冷量大、长期持续制冷降温的矿井。

5.2　基于动态补偿冷风的降温减湿

5.2.1　动态补偿冷风调控流程

基于中央空调制冷降温原理，根据矿井通风监测系统实时传输的井下气象环境数据，统计矿工人体感觉日逐时热舒适度变化规律，针对高温矿井井下作业环境的温湿度及风速变化，实施动态补偿冷风的降温减湿调控对策[115]：（1）测定并统计井上气温变化数据，绘制井上逐时热舒适曲线，依据井上逐时热舒适曲线绘制井下热舒适调控曲线，并设定井下舒适度调节区域为 [−1，1]；（2）设定井下初始温度和风速，构建优化目标函数，在满足井下温度变化范围、风速调节范围、PMV 变化量等约束的前提下，通过动态补偿冷风促使井下 PMV 值尽可能接近井下作业人员最满意的等效 PMV 值，从而寻优得到温度、湿度、风速等参数的设定值[116]；（3）以小时为时间粒度设置补偿冷风调控周期，井下热舒适度在一天当中处于波动状态，而在每个调控周期内处于相对稳态。图 5-4 为高温矿井动态补偿冷风对策的调控流程。

5.2.2　动态补偿冷风调控方法

矿井通风动力主要包括风机和自然风压，通过主扇风机将新鲜风输送到井下，再通过辅扇进行风量调节，矿井的局部通风则是通过局扇、冷却塔、冷凝器和蒸发器等设备对空气进行调节[117]。根据工业过程中计算机稳态优化控制常用的递阶结构，设计出高温矿井调控系统稳态控制结构图如图 5-5 所示。

基于上述高温矿井动态补偿冷风的调节方式，设计高温矿井的末端动态补偿冷风的调控方法。设定温度传感器、风速传感器、二氧化碳传感器初始值，矿井通风系统工作不正常时，可采用改变运行工况达到动态调节风量、风质的目的。动态补偿冷风的调控方法如图 5-6 所示。

引入动态补偿冷风调控结构的反馈参数，结合协调级与局部决策单元的交互信息，构建矿井动态补偿冷风通风系统递阶反馈模型，如图 5-7 所示。递阶结构包括下层的实际系统层、中层的直接控制层、上层的优化层。各子系统之间由总控制器连接，每个子系统受各自控制器的控制[118~121]。调控系统中，水作为联系整个系统的纽带，与两个 AHU 关联，其供水温度、供水流量等参数的变化会影响空气处理系统参数的变化。通过对冷冻（温）水系统的压差、空气处理系统 AHU1 及 AHU2 的送风静压、新风量和送风温度的寻优确定补偿冷风量及补偿周期。

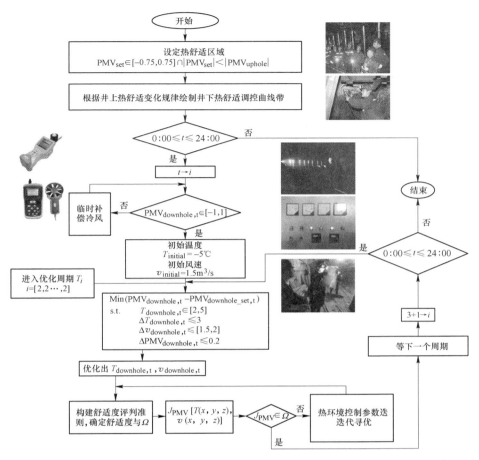

图 5-4　高温矿井动态补偿冷风调控流程

t—系统时间；PMV_{set}—舒适指标设定值；PMV_{uphole}—井上舒适指标；$PMV_{downhole}$—井下舒适指标；

$T_{initial}$—初始温度设定值；$v_{initial}$—初始风速；$T_{downhole}$—井下温度设定值；$v_{downhole}$—井下风速；

$\Delta T_{downhole}$—井下温度变化量；$\Delta PMV_{downhole}$—PMV 变化量；Ω—舒适域的集合；J_{PMV}—稳态温度场—

风速场的泛函；$T(x, y, z)$—空间点 (x, y, z) 的温度值；$v(x, y, z)$—空间点 (x, y, z) 的风速值

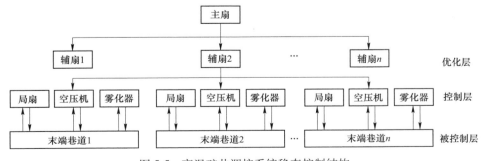

图 5-5　高温矿井调控系统稳态控制结构

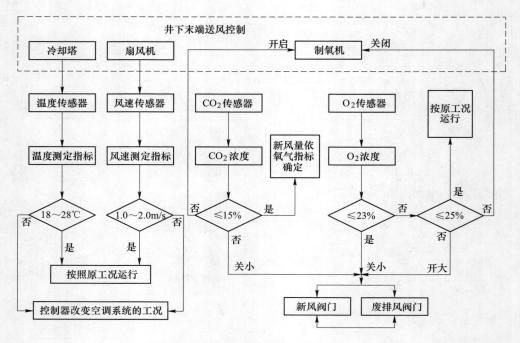

图 5-6　动态补偿冷风的调控方法

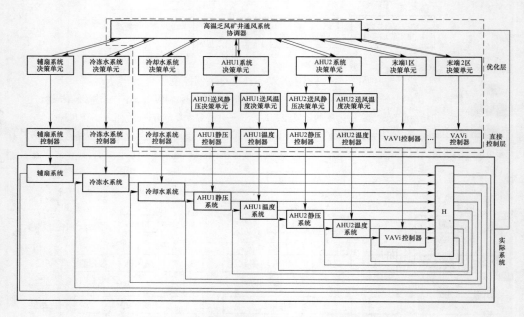

图 5-7　高温矿井动态补偿冷风调控系统递阶反馈结构

5.2.3 井下采掘作业面动态补偿冷风调控结构

采用大系统"分解-协调"方法，根据单翼对角抽出式机械通风系统工作原理，可以将通风系统分解为两个部分，即平硐口进入新鲜风和回风井排出污风[122]。进风井口需要通过空气处理系统将进入平硐口的风转化成矿井下所实际需要的风量、温度和湿度的新鲜风；回风井设置扇风机排出井下各巷道内的污风。设计井下采掘作业面动态补偿冷风调控结构，如图 5-8 所示。

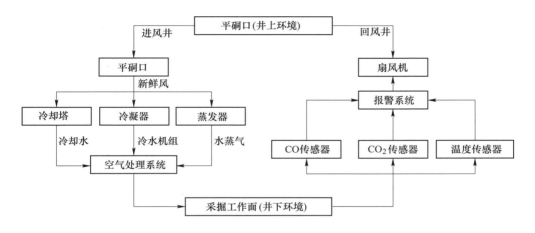

图 5-8 井下采掘作业面动态补偿冷风调控结构

5.3 增能增阻降温

针对存在低压缺氧问题的深部矿井，尤其是掘进及运输作业区，若单一采用抽出式通风增大风量，风量增加会在井内形成负压，容易加剧氧分压低问题[123~126]；若单一采用压入式通风，通风机形成的正压可增加井下压力，但需要根据井下风阻分配至各阻力段，导致到达工作面的风压大幅降低，因此压入式通风方式难以作为井下增压的主要手段[127]。故提出压抽结合的局部人工增压方案，从增能、增阻两方面分析如下。

5.3.1 增能

为使掘进工作面局部达到正压的状态，采取局部通风机压入式通风，将巷道内的风流视为连续风流，则可根据能量方程分析风机压力和阻力的关系。能量方程如式（5-1）所示：

$$(p_1 - p_2) + \left(\frac{v_1^2}{2}\rho_1 - \frac{v_2^2}{2}\rho_2\right) + (Z_1 g\rho_{m1} - Z_2 g\rho_{m2}) = h_{1,2} \qquad (5-1)$$

式中，p_1-p_2 为扇风机静压，用 H_S 表示；$Z_1g\rho_{m1} - Z_2g\rho_{m2}$ 表示势能差，用 H_n 表示；$h_{1,2}$ 为增压区阻力。

扇风机全压公式如下：

$$H_f = H_S + \frac{1}{2}v_1^2\rho_1 \tag{5-2}$$

若不考虑自然风压的影响，则由式（5-1）、式（5-2）得出式（5-3）：

$$H_f + H_n = h_{1,2} + \frac{1}{2}v_2^2\rho_2 \tag{5-3}$$

设井下增压区的需风量 Q 不变，则主扇风机的全压需满足矿井通风阻力和回风井的动压损耗。通过以上分析可知：（1）局部增压效果主要与扇风机性能有关；（2）仅通过扇风机去增压，需大幅增加扇风机功率。

5.3.2　增阻

扇风机增压同时会增大局部风量，为了取得较好的增压效果，可以在增压面回风处通过增加阻力的办法减小风流[128]，从而起到增压的效果。最常见的方法是减小回风巷道的断面积，其局部阻力可表示为：

$$h_{er} = \xi_1 h_{v1} = \xi_2 h_{v2} = \frac{1}{2}\xi_1 v_1^2\rho = \frac{1}{2}\xi_2 v_2^2\rho \tag{5-4}$$

式中，h_{er} 为巷道的正面阻力；v_1、v_2 为断面变化前后的平均风速，m/s；ξ_1、ξ_2 为该断面前后的阻力系数；ρ 为空气密度，kg/m³。

若风量保持不变，断面前后的面积为 $S_大$、$S_小$，则平均风速可表示为：

$$\begin{cases} v_1 = Q/S_小 \\ v_2 = Q/S_大 \end{cases} \tag{5-5}$$

通风风阻力的表达式为：

$$R_{er} = \frac{\xi_1\rho}{2S_小^2} = \frac{\xi_2\rho}{S_大^2} \tag{5-6}$$

由式（5-4）~式（5-6）可得：

$$h_{er} = R_{er}Q^2 \tag{5-7}$$

式中，Q 为掘进工作面风量，m³/s；R_{er} 为增压区风阻，$N \cdot s^2/m^8$；h_{er} 为增压区总阻力，Pa。

为起到提高掘进工作面氧分压并保证供风量满足要求，需设置调节风窗，调节风窗的计算面积根据 $S_w/S_大$ 大小进行确定：

$$\begin{cases} S_w = \dfrac{S_大}{0.65 + 0.84S_大\sqrt{\Delta R_{er}}}, & S_w/S_大 \leqslant 0.5 \\[4mm] S_w = \dfrac{S_大}{1 + 0.759S_大\sqrt{\Delta R_{er}}}, & S_w/S_大 > 0.5 \end{cases} \tag{5-8}$$

式中，S_w 为风窗面积，m^2；ΔR_{er} 为增阻值，$N \cdot s^2/m^8$。

由式（5-4）~式（5-8）的分析可知：（1）由于正面阻力的增加，掘进工作面风量会减小，仅通过增阻并不能达到预期的效果，需要扇风机与增阻共同作用。（2）通风等积孔与通风阻力成反比，采场增压时需考虑风阻的大小[129]。

5.3.3 增压增阻的空气幕结构

矿用空气幕由 3 部分组成：供风器、整流器、风机，其工作原理是依靠风机通过供风器喷射出一定方向的气流达到对井下气流进行调控，其作用与风门、辅扇和调节风窗类似，可起到阻隔、引射和增阻风流效果[130~133]。其原理图如图5-9 所示。

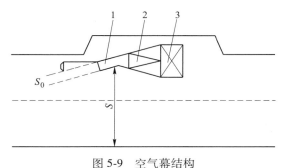

图 5-9 空气幕结构
1—供风器；2—整流器；3—风机

矿用空气幕作为风流调控设施，具有多种功能，按照其射流压力与巷道压差的大小以及其应用条件可分为 3 类，如表 5-1 所示。

表 5-1 矿用空气幕功能分类

两者关系	对应功能	等效调控设施
$p < \Delta h$	增阻风流	风窗
$p = \Delta h$	阻隔风流	风门
$p > \Delta h$	引射风流	辅扇

空气幕的取风方式按照布置位置的不同可分为循环型和非循环型[134]。循环型空气幕为安装在同一巷道无分岔口的地方，其出风口和进风口风流自成循环，如图 5-10 所示。非循环型空气幕按照布置位置可分为两种：一种是空气幕布置于同一巷道内，空气幕进口从上游取风，出口喷射气流顺风流方向排入同一巷道内，如图 5-11 所示。另一种为布置于不同巷道的分岔路口[135]，空气幕从上游巷道取风后，在另一条巷道喷射风幕，起到阻隔风流的作用，如图 5-12 所示。

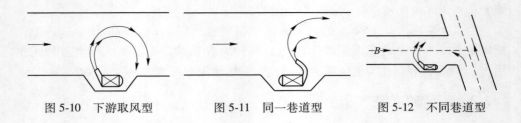

图 5-10　下游取风型　　　图 5-11　同一巷道型　　　图 5-12　不同巷道型

5.3.4　基于空气幕调节的增压增风降温调控

根据增能、增阻分析提出基于空气幕调节的局部人工增压模型，如图 5-13 所示。工作场所压力的增加通过工作面之前的 A 多机并联引射型空气幕（等效于辅扇）引射风流和工作面之后的 B 多机并联增阻型空气幕（等效于调节风窗）来实现。A 前方设置两道风门以防高压环境与加压前的低压环境之间形成循环风，风流通过局部风机进入风门后的巷道内，掘进工作面后的 B 即增阻型空气幕起到增阻的作用，使风量不变、空气压力增加。

A 为多机并联空气幕引射风流代替辅扇模型，模型示意如图 5-14 所示，在巷道两侧对称布置多台空气幕[136~138]。风机喷射出的风流顺巷道原有风流方向且空气幕的有效压力大于巷道压差时，可起到引射风流、增大巷道风量的效果。由动量定理以及风流运动的全能量方程可知，多机并联空气幕引射风量的公式可表示为：

$$Q = \sqrt{\frac{naK_s\rho v_c^2 SS_c - 2S^2(p_{\mathrm{II}} - p_{\mathrm{I}})}{2S^2 R_{\mathrm{I-II}} + \rho}} \tag{5-9}$$

式中，$p_{\mathrm{II}} - p_{\mathrm{I}}$ 为巷道入口、出口的静压，Pa；n 为风机数量，台；ρ 为空气密度，kg/m³；S 为空气幕所在巷道的断面积，m²；S_c 为空气幕出口断面积；v_c 为空气幕出口平均风速，m/s；a 为风量比系数；$R_{\mathrm{I-II}}$ 为巷道沿程风阻；K_s 为试验系数，其值与巷道环境及空气幕安装位置有关。

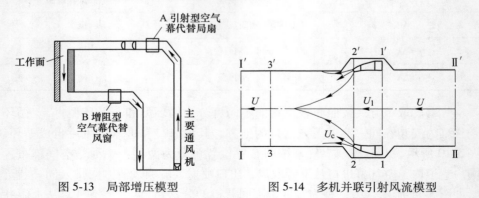

图 5-13　局部增压模型　　　　图 5-14　多机并联引射风流模型

B 为多机并联空气幕增阻风流模型，如图 5-15 所示。位于巷道两侧硐室内的空气幕逆风流方向射流，所喷射的气流压力小于巷道压差，并且喷射的两股气流不相交，巷道风流可以从两股循环风流中间穿过达到减小风量的效果[139]，根据风流的动量方程并结合单机增阻模型通过理论推导整理可得多机并联增阻空气幕的阻风率 η_z：

$$\eta_z = \frac{\sqrt{100natm^2 + n(n-1)m^2atb + bp^2 + 2bmnat} - p\sqrt{bz_{(n)}}}{\sqrt{100natm^2 + n(n-1)m^2atb + bp^2 + 2bmnat} + p\sqrt{bz_{(n)}}} \times 100\%$$

$$(5\text{-}10)$$

式中，m 为巷道过流与并联空气幕总循环风流比；其他符号意义同前。

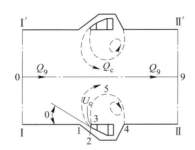

图 5-15 多机并联增阻风流模型

5.4 可控循环增风降温

采矿作业场所在一段时期内是相对固定的，采矿作业区的人员、设备相对较为集中，可采用可控循环通风人为地控制部分风流，使其多次流过同一生产作业场所，反复循环地被使用，以此增加工作地点的有效风量，持续改善工作地点的环境条件[140]。关键在于使回风及新风"可控"、循环风量"可控"、进及回风流中的有毒有害物质浓度"可控"，并有效作用于采矿作业区域。其增风降温系统结构如图 5-16 所示。

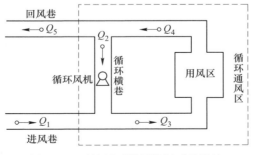

图 5-16 可控循环增风降温系统结构

其中：

$$\begin{cases} Q_3 = Q_1 + Q_2 \\ Q_4 = Q_3 \\ Q_5 = Q_1 = Q_4 - Q_2 \end{cases} \qquad (5\text{-}11)$$

式中，Q_1 为进风井新风量；Q_2 为循环风机风量；Q_3 为用风区总进风量；Q_4 为用风区回风量；Q_5 为局部通风系统回风量。

如果矿井主要通风机功率不足，导致循环区供风量 Q_1 偏小，可加设局部扇风机增加 Q_2 对 Q_1 进行补偿，两者合计风量 Q_3 送入用风点并连续供风。其中，Q_1 为常量，Q_2/Q_3 为循环率（表示循环风量占采区总供风量的百分比）[141]。

可控循环增风降温的本质是重复利用部分回风从而达到增风降温目的，且不需要改变主通风机功率，因此在深井环境下使用可控循环通风技术可有效增大用风点的风量[142]。通过可控循环增风系统使风量增加，工作面风速加大，实现井下降温，工作面通风状况得到有效改善[143]。在各种改善作业面环境的方法中，增风降温被认为是矿井综合降温技术中易实现且经济可行的方法[144~147]。在作业环境改善的同时，随着风量的增加、作业点的风速增大，人体的对流散热速率加快，矿工体感舒适度增加，工作舒适度提高，继而工人的工作效率提高。增风降温因果关系分析如图 5-17 所示。

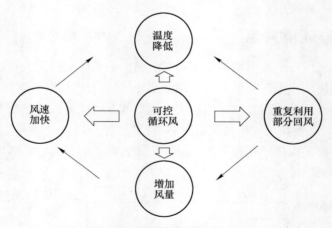

图 5-17　增风降温因果分析图

5.4.1　大风流水幕喷淋净化

针对人员、设备比较集中的采矿作业区域，可采用大风流湿式净化对策，结合可控增风措施对井下空气进行净化循环利用，将净化技术组合并与空区、巷道自净功能相结合，形成大风流综合湿式净化处理系统。深井下污染物浓度较高，粉尘及有毒有害气体对人体的危害大，因此对深井回风进行循环利用的前提和关键技术就是实现对矿井大风流的净化。本文设计的大风流水幕喷淋净化方案由除尘技术、水浴丝碳式净化技术、"定时爆破时段"排污管理以及循环风监控联动技术组成。大风流水幕喷淋净化系统方案如图5-18所示。

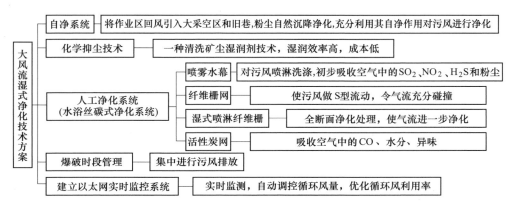

图 5-18　大风流水幕喷淋净化对策

具体布置方法为：水幕喷淋装置是抽取井下水，喷出的水形成水帘从顶板对污风做截面喷淋，加速粉尘沉降，吸收易溶于水的有毒有害气体；纤维栅网采取左右交替布置，每组间隔5m左右，使污风呈S型震荡流动，增加气流碰撞，使其与净化装置充分接触；喷淋湿式纤维栅对巷道全断面净化处理，风流冲刷纤维网上的水膜，形成水雾，使污风得到更充分的净化；碳式吸附网在净化巷道末端采取上下交错布置，对污风进行脱水和终极净化处理，吸附污风中残存的粉尘以及有毒有害气体成分。循环风水幕喷淋净化装置分布如图5-19所示。

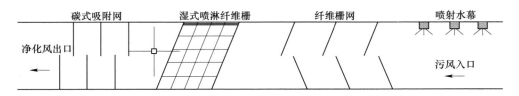

图 5-19　循环风水幕喷淋净化装置分布简图

大风流水幕喷淋净化对策的实施需要构建全流程的实时数据监控系统（如以太网实时监控系统），实时监测循环风质量，实现调控新鲜风量，优化循环风利用率，当污染物浓度超过设定值时，能及时封堵循环风路。如进行大规模爆破或遭遇火灾等情况导致循环区域内大量污染物涌出时，净化效果往往无法达到规范要求，此时停止使用循环风。

5.4.2　"定时爆破时段"排污管理措施

采取集中时段统一爆破通风管理模式，即规定各作业点都集中在一个很短的时间段内进行爆破作业，其他时段只允许进行一些零星、分散的爆破作业，以避免炮烟进入深井循环，充分利用"定时爆破"的作业时段集中排出污风，可显著降低非集中爆破作业时段内井下空气中有毒有害气体浓度。在此基础上采用大风流综合净化技术的深井循环风质达到安全标准的目标更容易实现，对改善深井通风效果、降低通风能耗十分有利。

5.4.3　除尘及抑尘

矿山作业人员长期在井下作业，经常面对高浓度粉尘环境。粉尘不仅危害人体健康、破坏自然环境，还会影响设备零部件的磨损程度，减少设备的使用寿命，因此矿山除尘工作非常重要。本对策包括自净作用和化学抑尘技术：（1）首先充分利用大面积采空区和旧巷的自净作用，粉尘经过时可在自重作用下实现初级净化。在湿润的空气条件下自净效果更加明显，原因是粉尘颗粒与水雾结合后容重增加，使得自身加速沉降，因此可在空区和旧巷内装雾化喷淋装置对污风进行湿润洗涤[148]。（2）在自净作用的基础上，采用复合型化学抑尘剂对粉尘进行强化吸收。该复合型抑尘剂为粉末状，兼具湿润、中和、保水、凝聚的作用，由浸润组分、电中和组分、凝聚组分、保水组分和助剂制作而成。实践表明，该复合型抑尘剂的降尘率、保水性、湿润性、凝聚时间均达到了较好的效果，且绿色环保、成本低廉，单次喷洒抑尘效果通常情况下可持续24h，且后期补喷低浓度（1%左右）或补加清水即可[149]。复合型抑尘剂在矿山除尘中有较大的应用推广价值。

5.4.4　风质净化

在自净作用和化学抑尘剂除尘的基础上，进一步采用人工技术手段即建立水浴丝碳式净化系统净化污风中的有毒有害气体和残余粉尘。

该循环风净化装置构成可设计为：喷雾水幕+纤维栅栏+湿式喷淋纤维栅+活性炭吸附装置，如图5-20所示。

该净化系统采取空间迷宫式布置，即净化装置在循环风净化巷道内呈上下或左右交替分布，以便污风风流在通过净化巷道时，有毒有害气体和粉尘产生充分的碰撞和反射，进而易于被吸收。其净化降温途径为：

（1）SO_2、H_2S和NO_2均易溶于水，通过水幕喷淋和喷淋湿式纤维栅得以吸收净化；

（2）CO为中性气体，难溶于水，通过活性炭吸附装置进行净化；

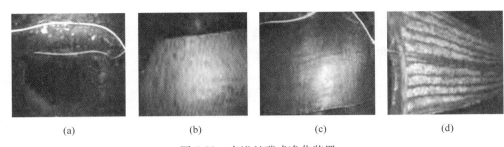

图 5-20 水浴丝碳式净化装置

（a）喷雾水幕；（b）纤维栅网；（c）喷淋湿式纤维栅；（d）碳式吸附网

（3）残余粉尘可在湿润的人工净化系统条件下进一步被吸附和沉降；

（4）通过控制水浴温度，进而控制循环风温度，通过水浴与循环风的热交换，达到降温的效果[150]。

5.5 矿工自身安全防护

高温矿井井下环境复杂，有些情况难以达到理想的治理效果，如新建、改扩建矿井的建设与制冷降温设施建设存在不同步，也存在降温措施实施困难的情况，矿工加强自身安全防护至关重要。本节从矿山企业井下高温作业人员自身防控的角度，提出加强矿工自身安全的一些对策措施。

（1）按岗配员。井下热湿环境相对地面工作来说危险及危害相对较高，必须保持良好的生理、心理状态及行为能力，才能保证井下生产作业安全。岗位配员必须遵循人员自身安全原则，同时确保不影响其他岗位安全。矿工需要充分考量自身的生理、心理状态及行为能力，坚持不达标不接岗、身体状况不佳不勉强上岗作业的原则。尤其是当自身出现生理上的不适时，应及时退出高温作业环境并进行休息及恢复身体机能。

（2）活性作业制度。井下高温作业环境，持续作业对身体机能消耗相对严重，同时也会对生理、反应能力、协调能力产生影响。可采用活性作业制度、碎化工作量、轮流作业、交替休息等灵活策略，安全前提下保证较好的工作状态。

（3）自身安全防护。高温作业环境下性能良好的工服及个人防护用品，并掌握个人防护用品正确使用方法，佩戴时尽可能感觉舒适。

（4）加强营养配餐、体质锻炼。尤其在井下准备足够的饮用水，保证作业人员体内含水量。

（5）掌握必要的应急救援知识。掌握中暑等突发疾病时的急救措施与方法，在井下配置必要的应急药品，当作业人员出现不适时，需及时展开救援及正确服用相应药品。

（6）配备高温环境检测便携式设备。作业时，及时对井下高温高湿作业场所进行环境检测，随时掌握温度、湿度、风速等参数的动态变化，注意观察通风系统的运行状态、降温设施设备的运行效果等，必要时采取改进或调整措施。

5.6　本章小结

本章总结了高温矿井的热害治理的三种人工制冷降温对策；针对高温矿井整体通风系统，提出了动态补偿冷风的降温减湿对策；其次，针对高温矿井关键作业场所，提出了解决低压缺氧问题的增能增阻降温对策、适于采掘作业区的可控循环增风降温对策；最后，针对矿工自身，从按岗配员、活性作业制度、自身安全防护、营养及体质、应急救援、环境检测等方面提出了安全防护对策措施建议。

6 JQ 金矿高温矿井热害治理案例研究

本章是在前述章节理论研究的基础上，进行实例验证研究，结合 JQ 金矿井下实际问题，设计热害治理方案并实施，最后进行治理效果评述。

6.1 JQ 金矿概况

JQ 金矿矿区的最高海拔标高约为 1960m，从上到下有多个中段坑口，总开采高度近 1500m。目前在生产的坑口为 1250 坑口、1118 坑口、950 坑口、725 坑口，生产中段有 640m 中段、830m 中段、696m 中段、440m 中段、280m 中段等。其中 1118m 坑口是现阶段的主要生产坑口之一，该坑口开拓方式为盲竖井+平硐+斜井联合开拓，该坑口正在生产的中段包括 640m 中段、440m 中段和 280m 中段，具体开拓现状见图 6-1。图 6-2 为 JQ 金矿 1118m 坑口 280m 水平西沿作业面局部通风示意图。图 6-3 为 JQ 金矿生产矿井的开拓及通风模拟图。

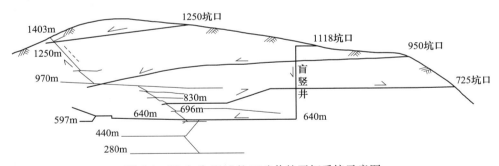

图 6-1 JQ 金矿 1118 坑口矿井的开拓系统示意图

JQ 金矿 1118m 坑口采用两翼对角式机械通风，在主回风井处安装了功率为 90kW 的主扇风机向回风井内压入污风，各中段的掘进工作面均采用局部通风机压入+抽出式混合通风。该矿井是典型的高温高湿热害矿井，开采深度高达 838m，该地区的平均地温梯度为 2.68℃/(100m)，三个开采中段中 280m 中段的热害现象最为严重，其采掘工作面温度高达 35℃（超过了国家规定的井下工作环境温度不超过 28℃ 的标准）。现场采用气压计基点（逐点）测定（CFZZ6 矿用通风阻力测试仪+卡他度等）[10] 对井下通风阻力、温度、风量现场测定及计算，作业环境平均温度高达 33.6℃，巷道通风阻力 2215.96Pa，平均风速约 0.03m/s，有效风量约 0.66m³/s。井下作业面上的相对湿度也达到 90% 以上，急切需要对

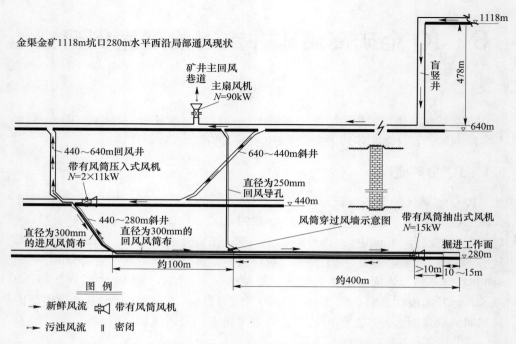

图 6-2　JQ 金矿 1118m 坑口 280m 水平西沿作业面局部通风示意图

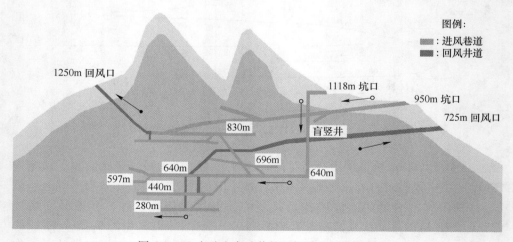

图 6-3　JQ 金矿生产矿井的开拓及通风模拟图

280m 水平作业面实施降温降湿的有效措施。

　　现场调查发现该矿井下存在一些问题，如：多中段的同时开采导致产生作业面分散、随开采作业面不断向前推进而通风管理滞后造成的风流合理分配困难；矿井通风线路的不断延长和通风巷道内废石堆积、废水聚集造成的通风阻力增加的问题；采掘规划不到位产生大量的采空区没有及时填充和封闭以及井下有害角联巷道的增多造成的风流漏风、短路等降低了通风的有效风量率等。

6.2　JQ 金矿井下高温问题诊断

6.2.1　通风不畅致因分析

1118m 坑口 280m 中段之所以出现井下作业环境温度高、通风效果不好等问题，主要原因为：

（1）该矿属于典型的高岩温矿井。矿井已开采多年，开采深度深达 838m，280m 中段巷道围岩温度高达 36~40℃，地下涌水水温达到 30℃ 左右，巷道作业环境热交换严重等。

（2）该坑口通风系统存在不合理情况，导致通风效果不理想。1118m 坑口井下通风系统的通风网络布局、通风设备选型及通风构筑物设置等欠合理，是影响280m 中段作业环境通风效果差的主要原因。针对第二方面的通风系统问题进行具体分析，见表 6-1。

表 6-1　矿井通风系统问题诊断

分析内容	存在问题	导致问题产生的原因
通风网络	矿井中风流漏风、短路等	640~440m 斜井上口处未设置风窗，斜井进风风量分配无保障
		矿井 640m 中段废弃通风巷道及采空区造成风流漏风
		矿井 440~640m 中段的回风井造成进风流短路
	通风阻力增大	640~280m 中段直径为 250mm 的导孔回风十分困难
		矿井总开采深度深达 838m
		从井口到 280m 中段的通风线路长达 6000 多米
		通风巷道多处折弯导致阻力增大
	风流合理分配困难	280m、440m 中段同时开采，作业面多且分散
		各作业面不断地延伸推进且变动较频繁
通风风机	各中段局部扇风机效率差	各中段的局部通风机存在运行故障，维修不及时
		440m 中段向 280m 中段送风线路距离太长，通风机匹配不合理
通风构筑物	井下风流调节困难	640~440m 斜井上口 640m 中段没有设置风门
		通风构筑物设置不合理或设置过少
		通风构筑物的风流调节设施管理不及时

6.2.2　高温负荷计算

6.2.2.1　井巷围岩放热量

对于1118m坑口280m水平下的采掘作业面，由于其838m的采深使得280m水平采掘巷道围岩的表面温度高达35～39℃，280m水平西翼独头掘进巷道的长度达650m左右，经测定独头掘进巷道内风筒出口的平均风速为2.8m/s，风筒出口到作业面上的距离为15～20m，巷道的横截面为7.5m²左右，巷道周长为11.6m左右，西翼巷道内空气的平均温度为33.3℃左右，降温后的期望温度在28℃左右。井下高温围岩散发的热量与巷道内空气进行的热传导是造成280m水平西沿巷道采掘作业面高温的直接原因，根据上述测定的280m水平巷道内的相关参数计算巷道围岩的散热量如下：

$$Q_r = K_\tau UL(t_{rm} - t) = \cfrac{1.163}{\left(\cfrac{1}{9.6 \times 2.8} + 0.0441\right)} \times 11.6 \times 18 \times (37 - 28) \ /1000$$

$$= 26.88 \ (kW)$$

6.2.2.2　机电设备散热量

280m水平掘进巷道主要设备有：YT28手持式凿岩机3台（0.8kW/台）、P-30B型耙渣机1台（18.8kW）、对旋式局部通风机2台（DBKJNO-6/2×15kW型）、装载机1台（100kW）及运输车辆等，设备散热量计算为：

$$Q_d = \sum \varphi N_d = 0.2 \times (3 \times 0.8 + 18.8 + 60 + 40) = 24.24 \ (kW)$$

6.2.2.3　运输中矿石的散热量

作业现场统计结果显示，单位时间内平均运输矿石量8kg/s，掘进巷道的长度650m，巷道内平均湿球温度为33.3℃，掘进作业面初始岩温约37℃，则运输中矿石的散热量计算为：

$$Q_k = 0.0024L^{0.8}(t_r - t_{wm}) mC_m = 0.0024 \times 650^{0.8} \times (37 - 33.3) \times 8 \times 0.97$$

$$= 12.26(kW)$$

6.2.2.4　空气自压缩热能释放量

JQ金矿1118m坑口至280m水平作业面的垂直距离为838m，根据280m水平掘进巷道的进风量核算G为5.7kg/s空气压缩对井下采掘作业面所释放的热量，经计算可得：

$$Q_{压缩热} = \frac{\Delta Z}{427}G = \frac{838}{427} \times 5.7 = 11.2 \ (kW)$$

6.2.2.5 作业面所需冷负荷计算

以 280m 水平西翼掘进头采掘面为例，计算掘进头作业面的需冷量。风筒出口处风流流量的质量为 5.3kg/s，在 280m 水平巷道的条件下巷道风流的高差较小，风流的流速也相对比较稳定，如果在忽略风机故障对风流稳定性的影响，可以按照下面公式计算掘进独头作业面上的需冷量：

$$Q_\text{冷} \geqslant G(h_2 - h_1) + \sum Q_\text{热} \qquad (6-1)$$

式中，$Q_\text{冷}$ 为掘进作业面需冷量；G 为需冷处风流质量；h_2 为需冷处风流焓值；h_1 为需冷处达到降温目标时相对风流的焓值；$\sum Q_\text{热}$ 为作业面热量总和。

井下 280m 水平掘进工作面最热时的空气干球温度为 34.6℃，相对湿度达到 90% 以上，若以干球温度 28℃ 作为目标温度，其单位质量焓变为 30.6kW，可得风流焓变值为 192kW。结合 280m 作业面实测数据，以及式（6-1）计算结果，该掘进作业面总需冷量为 280kW。

6.3 矿工身心安全影响态势评估

6.3.1 矿工安全影响态势集对分析

针对该矿井井下作业环境，邀请 4 位权威专家 A、B、C、D 进行打分，其中，准则层指标的模糊判断矩阵如下：

$$专家 B: \begin{bmatrix} 0.4 & 0.3 & 0.6 \\ 0.4 & 0.4 & 0.4 \\ 0.6 & 0.8 & 0.5 \end{bmatrix} \qquad 专家 A: \begin{bmatrix} 0.4 & 0.3 & 0.5 \\ 0.5 & 0.3 & 0.4 \\ 0.6 & 0.7 & 0.5 \end{bmatrix}$$

$$专家 C: \begin{bmatrix} 0.4 & 0.3 & 0.5 \\ 0.6 & 0.3 & 0.4 \\ 0.6 & 0.7 & 0.4 \end{bmatrix} \qquad 专家 D: \begin{bmatrix} 0.5 & 0.4 & 0.6 \\ 0.4 & 0.4 & 0.5 \\ 0.5 & 0.7 & 0.4 \end{bmatrix}$$

用模糊层次分析法（FAHP）确定矿工安全影响态势指标体系准则层的初始权重，结果如表 6-2 所示。

表 6-2 基于 FAHP 法的准则层指标主观权重 ω

指标	专家 A	专家 B	专家 C	专家 D
生理	0.3034	0.3134	0.31	0.32
心理	0.3501	0.3533	0.34	0.34
行为	0.3466	0.3333	0.35	0.34

决策层指标以生理影响为例。生理影响包括核心温度、皮肤温度、心率、新陈代谢等 4 个因素，得到的模糊判断矩阵如下：

$$
\text{专家 B：}\begin{bmatrix} 0.7 & 0.6 & 0.4 & 0.4 \\ 0.5 & 0.4 & 0.3 & 0.4 \\ 0.6 & 0.5 & 0.2 & 0.4 \\ 0.7 & 0.8 & 0.5 & 0.3 \end{bmatrix} \qquad \text{专家 A：}\begin{bmatrix} 0.6 & 0.6 & 0.4 & 0.3 \\ 0.5 & 0.5 & 0.4 & 0.4 \\ 0.5 & 0.5 & 0.3 & 0.2 \\ 0.6 & 0.7 & 0.5 & 0.4 \end{bmatrix}
$$

$$
\text{专家 C：}\begin{bmatrix} 0.6 & 0.7 & 0.4 & 0.3 \\ 0.5 & 0.5 & 0.4 & 0.5 \\ 0.5 & 0.5 & 0.3 & 0.3 \\ 0.6 & 0.7 & 0.5 & 0.4 \end{bmatrix} \qquad \text{专家 D：}\begin{bmatrix} 0.6 & 0.5 & 0.6 & 0.4 \\ 0.5 & 0.4 & 0.4 & 0.3 \\ 0.6 & 0.5 & 0.4 & 0.4 \\ 0.7 & 0.7 & 0.5 & 0.2 \end{bmatrix}
$$

用模糊层次分析法（FAHP）确定矿工安全影响态势指标体系决策层的初始权重，结果如表 6-3 所示。

表 6-3　基于 FAHP 法的 B_3 决策指标主观权重 ω

指标	专家 A	专家 B	专家 C	专家 D
核心温度	0.195	0.205	0.2	0.205
皮肤温度	0.355	0.35	0.36	0.36
心率	0.215	0.22	0.215	0.2
新陈代谢	0.235	0.225	0.225	0.235

以此方法依次求出生理、心理、行为的决策层指标的初始权重。

确定准则层和决策层指标的主观权重之后，由公式（4-13）~式（4-16），根据信息熵法（IE）求出专家自权重，结果如表 6-4 所示。

表 6-4　基于 IE 法的专家自权重 C

专家	专家水平向量 $E = (e_1, e_2, e_3)$	信息熵	权重	排序
A	(0.995, 0.987, 0.990)	0.106	0.235	②
B	(0.966, 0.977, 0.971)	0.124	0.201	④
C	(0.975, 0.986, 0.971)	0.107	0.232	③
D	(0.995, 0.996, 0.990)	0.075	0.332	①

由表 6-4 可以看出，专家 B 的熵值最大，所以精确度最低，在评价结果中所占的权重最小。专家 D 的熵值最小，所以精确度最高，在评价结果中所占权重最大。专家 A 和专家 C 的熵值中间水平，所以精确度一般。

$$
W = \begin{bmatrix} 0.3034 & 0.3134 & 0.31 & 0.32 \\ 0.3501 & 0.3533 & 0.34 & 0.34 \\ 0.3466 & 0.3333 & 0.35 & 0.34 \end{bmatrix} \begin{bmatrix} 0.235 \\ 0.201 \\ 0.232 \\ 0.332 \end{bmatrix} = \begin{bmatrix} 0.3125 \\ 0.345 \\ 0.3425 \end{bmatrix}
$$

此外，专家 D 的评价结果与专家组最为接近，所以专家 D 的自权重最大。

根据式（4-17），将表6-2主观权重与表6-4专家自权重融合，得到最终权重，同理，决策层指标进行权重融合，并作修正，得到矿工安全影响态势指标体系最终综合权重，详见表6-5。

表6-5　矿工安全影响态势指标体系最终组合权重

系　　统		子　系　统		
准则层指标	权重 ω	决策层指标	权重 ω_i	相对于 B 的权重 ω_i'
B_1	0.3125	C_{11}	0.3218	0.1005625
		C_{12}	0.3255	0.10171875
		C_{13}	0.3527	0.11021875
B_2	0.345	C_{21}	0.5485	0.1892325
		C_{22}	0.4515	0.1557675
		C_{31}	0.2015	0.06901375
B_3	0.3425	C_{32}	0.1782	0.0610335
		C_{33}	0.1787	0.06120475
		C_{34}	0.4416	0.151248

6.3.2　矿工身心安全影响态势评估

针对该矿山的实际情况，向35位不同岗位的作业人员进行测试，然后进行数据整理，通过式（4-23）得到影响态势评估模型，通过式（4-19）～式（4-22），利用 Matlab 软件计算五元联系数的各阶偏联系数，结果如表6-6和表6-7所示。

表6-6　矿工安全影响态势五元联系数及一阶偏联系数

评价指标	五元联系数	态势	一阶偏联系数	趋势
C_{11}	$0.657+0.171i+0.057j+0.086k+0.029l$	同势	$0.793+0.750i+0.399j+0.748k$	提高
C_{12}	$0.743+0.114i+0.057j+0.057k+0.029l$	同势	$0.867+0.667i+0.500j+0.663k$	提高
C_{13}	$0.543+0.114i+0.143j+0.114k+0.086l$	同势	$0.826+0.444i+0.556j+0.570k$	提高
C_{21}	$0.429+0.286i+0.229j+0.029k+0.029l$	同势	$0.600+0.555i+0.888j+0.500k$	提高
C_{22}	$0.343+0.314i+0.143j+0.143k+0.057l$	同势	$0.522+0.687i+0.500j+0.715k$	下降
C_{31}	$0.629+0.114i+0.171j+0.057k+0.029l$	同势	$0.847+0.400i+0.750j+0.663k$	提高
C_{32}	$0.171+0.114i+0.171j+0.257k+0.286l$	反势	$0.600+0.400i+0.400j+0.473k$	提高
C_{33}	$0.257+0.200i+0.171j+0.114k+0.257l$	均势	$0.562+0.539i+0.600j+0.307k$	提高
C_{34}	$0.371+0.171i+0.200j+0.171k+0.086l$	同势	$0.685+0.461i+0.539j+0.665k$	提高

表 6-7　矿工自身安全影响态势二阶、三阶、四阶偏联系数

评价指标	二阶偏联系数	趋势	三阶偏联系数	趋势	四阶偏联系数	趋势
C_{11}	$0.514+0.653i+0.348j$	下降	$0.440+0.652i$	下降	0.403	提高
C_{12}	$0.565+0.572i+0.430j$	下降	$0.497+0.571i$	下降	0.465	提高
C_{13}	$0.650+0.444i+0.494j$	下降	$0.594+0.473i$	提高	0.557	提高
C_{21}	$0.519+0.385i+0.640j$	下降	$0.574+0.376i$	提高	0.604	提高
C_{22}	$0.432+0.579i+0.412j$	下降	$0.427+0.584i$	下降	0.422	提高
C_{31}	$0.679+0.348i+0.531j$	下降	$0.661+0.396i$	提高	0.625	提高
C_{32}	$0.600+0.500i+0.458j$	下降	$0.545+0.522i$	提高	0.511	提高
C_{33}	$0.510+0.473i+0.662j$	下降	$0.519+0.417i$	提高	0.554	提高
C_{34}	$0.598+0.461i+0.384j$	下降	$0.565+0.546i$	提高	0.509	提高

　　由表 6-5 可以看出，FAHP-IE 法确定的矿工自身安全影响态势评估指标中，准则层指标"行为影响"的权重较大，说明心理及生理会通过行为来影响矿工自身的安全状态；决策层指标"臂力""反应力"等的权重较大，说明在矿工发生自身安全影响时，一般是因为反应力会下降，臂力不支等情况，在高温矿井环境下应该特别关注。将表 6-6 修正后的评价指标权重与表 6-6 的五元联系数结合，得出矿工身心安全影响总体联系数为：$\mu' = 0.449 + 0.215i + 0.132j + 0.116k + 0.075l$。其中 $a > e$，$a > b$，$b > c$，$c > d$，$d > e$，查态势排序表可知属于同势 1 级（强同势），该高温矿井矿工的身心安全影响整体处于低影响状态。处于"反势"或"均势"的指标有"臂力""反应力""核心温度""心率"，应充分重视。由表 6-6 和表 6-7 偏联系数可知：高温矿井矿工的自身安全影响发展趋势是不断变化的，在一阶、二阶偏联系数呈下降趋势，则影响程度增高；在三阶、四阶偏联系数呈提高趋势，则影响程度降低；总体上具有同中有反、反中有同，波动前行的特点。

6.3.3　矿工身心安全态势影响等级评定

　　根据目前高温矿井所处的态势，随机抽取 9 个矿工作业人员对其进行心理指标的测试，所得样本量值见表 6-8。

表 6-8　待评样本量值

样本指标	F_1	F_2	F_3	F_4	F_5	F_6	F_7	F_8	F_9
心理 A_1	0.58	0.98	0.77	0.94	0.71	0.62	0.95	0.77	0.87
行为 A_2	0.60	0.96	0.70	0.92	0.77	0.57	0.80	0.73	0.80
生理 A_3	0.68	0.94	0.56	0.96	0.86	0.54	0.87	0.57	0.88

（1）确定待评定物元、经典域和节域。确定待评物元（$l = 1, 2, \cdots, 9$; $i = 1, 2, 3$）为

$$\boldsymbol{R}_{F_1} = \begin{bmatrix} F_1 & A_1 & 0.58 \\ & A_2 & 0.60 \\ & A_3 & 0.68 \end{bmatrix}, \quad \boldsymbol{R}_{F_2} = \begin{bmatrix} F_2 & A_1 & 0.98 \\ & A_2 & 0.96 \\ & A_3 & 0.94 \end{bmatrix}, \quad \boldsymbol{R}_{F_3} = \begin{bmatrix} F_3 & A_1 & 0.77 \\ & A_2 & 0.70 \\ & A_3 & 0.56 \end{bmatrix},$$

$$\boldsymbol{R}_{F_4} = \begin{bmatrix} F_4 & A_1 & 0.94 \\ & A_2 & 0.92 \\ & A_3 & 0.96 \end{bmatrix}, \quad \boldsymbol{R}_{F_5} = \begin{bmatrix} F_5 & A_1 & 0.71 \\ & A_2 & 0.77 \\ & A_3 & 0.86 \end{bmatrix}, \quad \boldsymbol{R}_{F_6} = \begin{bmatrix} F_6 & A_1 & 0.62 \\ & A_2 & 0.57 \\ & A_3 & 0.54 \end{bmatrix},$$

$$\boldsymbol{R}_{F_7} = \begin{bmatrix} F_7 & A_1 & 0.95 \\ & A_2 & 0.80 \\ & A_3 & 0.87 \end{bmatrix}, \quad \boldsymbol{R}_{F_8} = \begin{bmatrix} F_8 & A_1 & 0.77 \\ & A_2 & 0.73 \\ & A_3 & 0.57 \end{bmatrix}, \quad \boldsymbol{R}_{F_9} = \begin{bmatrix} F_9 & A_1 & 0.87 \\ & A_2 & 0.80 \\ & A_3 & 0.88 \end{bmatrix}.$$

确定经典域（$d = 1, 2, 3, 4$）为

$$\boldsymbol{R}_1 = (N_1, C_i, V_{1i}) = \begin{bmatrix} N_1 & A_1 & (0.95, 1) \\ & A_2 & (0.95, 1) \\ & A_3 & (0.95, 1) \end{bmatrix},$$

$$\boldsymbol{R}_2 = (N_2, C_i, V_{2i}) = \begin{bmatrix} N_2 & A_1 & (0.85, 0.95) \\ & A_2 & (0.85, 0.95) \\ & A_3 & (0.85, 0.95) \end{bmatrix},$$

$$\boldsymbol{R}_3 = (N_3, C_i, V_{3i}) = \begin{bmatrix} N_3 & A_1 & (0.75, 0.85) \\ & A_2 & (0.75, 0.85) \\ & A_3 & (0.75, 0.85) \end{bmatrix},$$

$$\boldsymbol{R}_4 = (N_4, C_i, V_{4i}) = \begin{bmatrix} N_4 & A_1 & (0.6, 0.75) \\ & A_2 & (0.6, 0.75) \\ & A_3 & (0.6, 0.75) \end{bmatrix},$$

$$\boldsymbol{R}_5 = (N_5, C_i, V_{5i}) = \begin{bmatrix} N_5 & A_1 & (0, 0.6) \\ & A_2 & (0, 0.6) \\ & A_3 & (0, 0.6) \end{bmatrix},$$

确定节域为：$\boldsymbol{R}_j = \begin{bmatrix} N & A_1 & (0, 1) \\ & A_2 & (0, 1) \\ & A_3 & (0, 1) \end{bmatrix}$

其中经典域、节域和样本数据已经是规格化后的结果，所以不用再做归一化处理。

（2）计算权重。分别利用式（4-29）和式（4-31）确定指标的权重，然后联立式（4-33）～式（4-35）确定系数 α 和 β 的值，再根据式（4-32）确定最终权重值。经计算所得，$\alpha = 0.4309$，$\beta = 0.5691$ 或 $\alpha = 0.5691$，$\beta = 0.4309$，指标权重计算见表6-9。

表 6-9　待评指标权重

样本	指标	ω_i^*	ω_i'	$\alpha = 0.4309$ 时的 ω_i	$\alpha = 0.5691$ 时的 ω_i
F_1	A_1	0.3598	0.3326	0.3443	0.3481
	A_2	0.3457	0.3319	0.3379	0.3398
	A_3	0.2946	0.3354	0.3178	0.3122
F_2	A_1	0.3201	0.3326	0.3272	0.3255
	A_2	0.3332	0.3319	0.3325	0.3326
	A_3	0.3468	0.3354	0.3403	0.3419
F_3	A_1	0.2723	0.3326	0.3066	0.2983
	A_2	0.3132	0.3319	0.3239	0.3213
	A_3	0.4145	0.3354	0.3695	0.3804
F_4	A_1	0.3332	0.3326	0.3329	0.3329
	A_2	0.3468	0.3319	0.3383	0.3404
	A_3	0.3201	0.3354	0.3288	0.3267
F_5	A_1	0.3806	0.3326	0.3533	0.3599
	A_2	0.3375	0.3319	0.3343	0.3351
	A_3	0.2819	0.3354	0.3124	0.3050
F_6	A_1	0.3050	0.3326	0.3207	0.3169
	A_2	0.3371	0.3319	0.3342	0.3349
	A_3	0.3579	0.3354	0.3451	0.3482
F_7	A_1	0.2838	0.3326	0.3116	0.3049
	A_2	0.3831	0.3319	0.3540	0.3611
	A_3	0.3331	0.3354	0.3344	0.3341
F_8	A_1	0.2797	0.3326	0.3098	0.3025
	A_2	0.3030	0.3319	0.3195	0.3155
	A_3	0.4173	0.3354	0.3707	0.3820
F_9	A_1	0.3194	0.3326	0.3269	0.3251
	A_2	0.3674	0.3319	0.3472	0.3521
	A_3	0.3131	0.3354	0.3258	0.3227

（3）计算指标关联度。先利用式（4-36）确定指标 A_1、A_2、A_3 的关联度，

然后利用式（4-37）将关联函数规格化。各样本指标关联度见表6-10。

表6-10 指标的关联函数 $K_d(V_i)$

样本	指标	1级	2级	3级	4级	5级
F_1	A_1	-0.4930	-0.4119	-0.3033	-0.0478	0.0351
	A_2	-0.4912	-0.4049	-0.2871	0.0000	0.0000
	A_3	-0.4817	-0.3652	-0.1889	0.4912	-0.2105
F_2	A_1	0.4211	-0.6316	-0.9123	-0.9684	-1.0000
	A_2	0.2105	-0.2105	-0.7719	-0.8842	-0.9474
	A_3	-0.1504	0.2105	-0.6316	-0.8000	-0.8947
F_3	A_1	-0.4621	-0.2716	0.2105	-0.0842	-0.4474
	A_2	-0.4785	-0.3509	-0.1504	0.3509	-0.2632
	A_3	-0.4946	-0.4182	-0.3175	-0.0877	0.0702
F_4	A_1	-0.1504	0.1053	-0.6316	-0.8000	-0.8947
	A_2	-0.2871	0.3158	-0.4912	-0.7158	-0.8421
	A_3	0.2105	-0.2105	-0.7719	-0.8842	-0.9474
F_5	A_1	-0.4767	-0.3427	-0.1276	0.2807	-0.2895
	A_2	-0.4621	-0.2716	0.2105	-0.0842	-0.4474
	A_3	-0.4119	0.1053	-0.0702	-0.4632	-0.6842
F_6	A_1	-0.4893	-0.3969	-0.2683	0.1404	-0.0526
	A_2	-0.4938	-0.4151	-0.3106	-0.0686	0.0526
	A_3	-0.4961	-0.4238	-0.3299	-0.1215	0.1053
F_7	A_1	0.0000	0.0000	-0.7018	-0.8421	-0.9211
	A_2	-0.4511	-0.2105	0.5263	-0.2105	-0.5263
	A_3	-0.4010	0.2105	-0.1404	-0.5053	-0.7105
F_8	A_1	-0.4621	-0.2716	0.2105	-0.0842	-0.4474
	A_2	-0.4726	-0.3239	-0.0726	0.1404	-0.3421
	A_3	-0.4938	-0.4151	-0.3106	-0.0686	0.0526
F_9	A_1	-0.4010	0.2105	-0.1404	-0.5053	-0.7105
	A_2	-0.4511	-0.2105	0.5263	-0.2105	-0.5263
	A_3	-0.3878	0.3158	-0.2105	-0.5474	-0.7368

（4）风险等级评定。分别利用物元关联函数法、物元特征值法和云模型评估热湿环境对矿工身心安全的影响态势。

1）基于物元关联函数法评定。首先根据式（4-38）计算待评物元关于风险等级的关联度 $K_d(\boldsymbol{R}_F)$，根据 α 的不同计算出两种关联度，待评物元 $F_1 \sim F_9$ 关于风险等级的关联度见图 6-4。

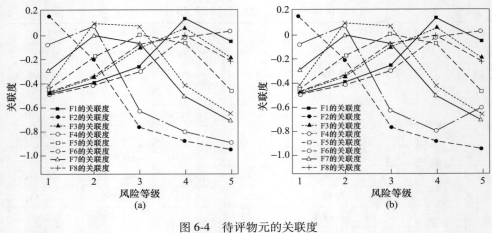

图 6-4　待评物元的关联度

(a)　$\alpha = 0.4309$；(b)　$\alpha = 0.5691$

利用式（4-39）得到 d'，确定样本 $F_1 \sim F_9$ 的风险等级，见表 6-11。

表 6-11　风险等级评定表

样本	$\alpha = 0.4309$					$\alpha = 0.5691$				
	1 级	2 级	3 级	4 级	5 级	1 级	2 级	3 级	4 级	5 级
F_1	−0.4888	−0.3947	−0.2615	0.1396	−0.0548	−0.4889	−0.3949	−0.2621	0.1367	−0.0535
F_2	0.1566	−0.2050	−0.7701	−0.8831	−0.9467	0.1557	−0.2036	−0.7696	−0.8828	−0.9465
F_3	−0.4794	−0.3514	−0.1014	0.0554	−0.1965	−0.4797	−0.3528	−0.1063	0.0542	−0.1913
F_4	−0.0780	0.0727	−0.6302	−0.7992	−0.6093	−0.0790	0.0738	−0.6297	−0.7988	−0.8940
F_5	−0.4516	−0.1790	0.0034	−0.0737	−0.4656	−0.4520	−0.1823	0.0032	−0.0685	−0.4628
F_6	−0.4931	−0.4123	−0.3037	−0.0198	0.0370	−0.4932	−0.4124	−0.3039	−0.0208	0.0376
F_7	−0.2938	−0.0041	−0.0793	−0.5059	−0.7109	−0.2969	−0.0057	−0.0708	−0.5015	−0.7082
F_8	−0.4772	−0.3415	−0.0731	−0.0067	−0.2284	−0.4775	−0.3429	−0.0779	−0.0074	−0.2232
F_9	−0.4141	0.0986	0.0683	−0.4166	−0.6551	−0.4144	0.0962	0.0718	−0.4151	−0.6542

由图 6-4 和表 6-11 可以看出，$F_1 \sim F_9$ 的风险等级依次为 D、A、D、B、C、E、B、D、B。

2）基于物元特征值法评定。利用式（4-40）~式（4-41）得到 d'，确定样本 $F_1 \sim F_9$ 的风险等级，见表 6-12。

表 6-12　物元变量特征值

样本	F_1	F_2	F_3	F_4	F_5	F_6	F_7	F_8	F_9
$\alpha = 0.3342$ 时的 d'	4.0133	1.6165	3.7348	2.0089	3.0666	4.1405	2.3186	3.6611	2.4903
风险等级	D 级	B 级	D 级	B 级	C 级	D 级	B 级	D 级	B 级
$\alpha = 0.6658$ 时的 d'	4.0150	1.6174	3.7439	1.8318	3.0802	4.1413	2.3266	3.6707	2.4932
风险等级	D 级	B 级	D 级	B 级	C 级	D 级	B 级	D 级	B 级

　　分别利用正向云模型、物元关联函数法、物元特征值法和专家评定法确定,四个方法分别存在以下缺点:采用物元关联函数法进行评估,可以较为准确地判断各个样本的影响态势,但是只能区分样本的纵向影响程度,不能反映样本的水平影响程度,即当样本属于同一态势时,不能确定同一态势所属样本的作用程度的大小;采用物元特征值法进行评估,可以明确热湿环境对矿工的影响态势,并可按照影响态势的大小进行排序,既可以反映样本的水平影响程度,又可以反映其纵向影响程度。但是,在评估过程中,样本的态势可能会集中于中间的态势,样本的特征值可能会超出可以判定的界限,超出后准确度会下降;利用正向云模型进行评估,较适合于指标较少的样本,指标越少,计算越简单,相反,指标越多,计算过程越复杂。同样地,云模型可以反映样本的纵向影响程度,不能反映样本的水平影响程度。四种评定方法评定结果对比情况见表 6-13。

表 6-13　不同风险评定结果对比

样本	评 定 方 法			
	正向云模型	物元关联函数法	物元特征值法	专家评估
F_1	D	D	D	E
F_2	A	A	B	B
F_3	D	D	D	E
F_4	B	B	B	B
F_5	D	C	C	D
F_6	E	E	D	E
F_7	C	B	B	C
F_8	D	D	D	E
F_9	B	B	B	C

　　分析以上评定结论可知:

　　(1)以 9 个矿工为例,建立物元可拓模型评估热湿环境对矿工身心安全的影响态势。根据样本关于各级风险的关联函数可以确定热湿环境对 9 个矿工身心的影响态势为：1个低影响、3个较低影响、1个中等影响、3个较高影响、1个高影响。

（2）分别利用物元关联函数法、物元特征值法、云模型和专家评估等确定热湿环境对矿工身心安全的影响态势，评估结果略有不同。云模型和关联函数法不能明显反映样本的水平影响程度，可以反映样本的纵向影响程度，而特征值法可能会将样本的影响态势集中于中间部分，专家评估准确度不高。

（3）利用物元可拓模型评估热湿环境对矿工身心安全的影响态势，根据评估结果，分析造成矿工身心较差的关键因素，进而改善矿工的作业环境，避免高温、高湿、照明等不利因素对矿工造成生理或心理影响，营造舒适、安全的工作氛围。

6.4　矿井通风系统优化及水风协同治理措施

6.4.1　矿井通风系统优化方案

6.4.1.1　矿井通风系统改造方案拟定

根据上述对该矿通风系统的问题分析及诊断，基于尽量减少或不增加专用通风井巷工程的原则[11]，拟定3个通风改造技术方案，见表6-14。

表6-14　矿井通风系统优化改造方案

方案	优化改造的主要措施
方案一	将280~640m直径为0.25m的导孔扩成直径为1.4m的回风井，在440~640m回风井处设置风门；在640~440m斜井上口的640m中段处设置调节风窗；将440m中段的风机撤除安装在280m中段为西沿掘进工作面送风；对640m中段采空区、废弃巷道进行封堵
方案二	在280~640m导孔的附近再打通一条同规格的导孔实现双导孔并联回风，在双导孔的下方各自增设一台压风机向导孔内压风，在440~640m回风井处设置风门；在640~440m斜井上口的640m中段处设置调节风窗；将440m中段的风机撤除安装在280m中段为西沿掘进工作面送风；对640m中段采空区、废弃巷道进行封堵
方案三	将440m中段的风机更换为大功率风机或者串联多台风机，将风筒更换为直径为500mm的硬质风筒，在280m中段串联风机接力增压；在640~440m斜井上口的640m中段处设置调节风窗减少新鲜风流流失；对640m中段采空区、废弃巷道进行封堵

6.4.1.2　构建优选评价指标体系

通风系统改造方案的优选涉及多层次、多因素、多指标等诸多因素，与矿山生产的安全、经济、技术等因素都息息相关[12]。本节结合JQ金矿1118m坑口矿井的开采深、通风难、布局乱的现实情况，制定如下评判指标体系并予以测值，具体见表6-15。

表 6-15 各方案的评判指标体系及各指标的取值

准则层	指标层	方案一	方案二	方案三	指标性质
经济指标	初期投资成本 x_1/万元	311.9	18.4	6.2	成本指标
	运营成本 x_2/万元·年$^{-1}$	14.5	43.4	63.9	成本指标
	通风机功率 x_3/kW	11	33	41	效益指标
	通风机效率 x_4/%	50	65	85	效益指标
技术指标	作业面供风量 x_5/m^3·s^{-1}	2.4	1.6	2.0	效益指标
	作业面有效风量率 x_6/%	70	65	85	效益指标
	作业面风量供需比 x_7	1.6	1.07	1.33	效益指标
安全指标	风机运转稳定性 x_8	5	7	9	效益指标
	通风系统管理困难程度 x_9	3	9	5	成本指标
	风流稳定性 x_{10}	9	5	7	效益指标

6.4.1.3 方案的综合评判优选

利用熵权法确定指标权重计算各评价指标的权重为：

$$\omega_j = [0.109 \quad 0.099 \quad 0.098 \quad 0.099 \quad 0.097 \quad 0.111 \quad 0.097 \quad 0.096 \quad 0.097 \quad 0.097]$$

再计算方案与正理想解贴近度的计算结果如下。

加权标准化决策矩阵为：

$$C = \begin{bmatrix} 0 & 0.099 & 0 & 0 & 0.097 & 0.028 & 0.097 & 0 & 0.096 & 0.096 \\ 0.105 & 0.041 & 0.072 & 0.042 & 0 & 0 & 0 & 0.048 & 0 & 0 \\ 0.109 & 0 & 0.098 & 0.099 & 0.048 & 0.111 & 0.048 & 0.097 & 0.064 & 0.048 \end{bmatrix}$$

指标的正理想解和负理想解：

$$\begin{cases} C^+ = (0 \quad 0 \quad 0.098 \quad 0.099 \quad 0.097 \quad 0.111 \quad 0.097 \quad 0.097 \quad 0 \quad 0.097) \\ C^- = (0.109 \quad 0.099 \quad 0 \quad 0 \quad 0 \quad 0 \quad 0 \quad 0 \quad 0.096 \quad 0) \end{cases}$$

各方案与正负理想解的距离为：

$$\begin{cases} d_1^+ = 0.234 \\ d_1^- = 0.202 \end{cases} ; \quad \begin{cases} d_2^+ = 0.244 \\ d_2^- = 0.148 \end{cases} ; \quad \begin{cases} d_3^+ = 0.152 \\ d_3^- = 0.243 \end{cases}$$

各方案与正理想解的贴近度分别为：

$$E_1^+ = 0.463 ; \quad E_2^+ = 0.378 ; \quad E_3^+ = 0.615$$

由此计算结果可知：三个拟定的通风系统改造方案的综合优越度分别为 46.3%，37.8%，61.5%。根据评判准则，可知方案三为最优方案。

6.4.1.4 技改优化措施

（1）通风网络优化。主要从通风线路、通风网络布局、通风巷道断面积等方面进行优化：1）优化井下通风线路。新增 440~640m 回风井上口的废弃巷道为新的通风巷道，在废弃巷道内安装带风筒的接力增压风机，形成 1118m 坑口→盲竖井→640m 中段→斜井→440m 中段→440m 中段回风井→新增的通风巷道→主回风井的通风循环回路。2）优化通风网络布局。通过增设风门、调节风窗等通风构筑物控制井下出现漏风、反风和污风循环，并对井下已经停止生产的 S830m 采区、640m 中段废弃的巷道等进行封堵，以减少新鲜风流漏失。3）在增大通风巷道断面积方面。通过及时地清理通风巷道内堆积的废石、堆放的设备，确保井下通风网络的畅通，减少通风阻力。

（2）通风设备优化。针对井下 280m 中段西沿作业面：1）对安装在 440m 中段的两台串联功率为 11kW 的风机更换成为两台串联功率 21kW 的风机并对其参数进行调整，增大风机叶片的径向间距，配备专用的扩散器，将压入式风机和风筒安装在斜井及平巷壁下部；2）将直径为 300mm 的风筒布更换为直径为 500mm 的硬质风筒，减小风筒中的通风阻力；3）在 280m 中段处新增串联一台功率为 11kW 轴流式扇风机以接力增压。在调整风机功率时，必须严格保证压入式风机功率小于抽出式风机功率。

（3）通风构筑物优化。1）在 640m 中段通往 S830m 采区的通风巷道口处设置风门，避免风流流往废弃采空区造成新鲜风流的流失；2）在 640~440m 中段斜井上口的 640m 中段处设置调控灵活的矿用调节风窗，以便于足量的新鲜风流能够顺利流往 440m 中段及 280m 中段。

6.4.1.5　通风优化改造示意图

280m 中段局部通风系统优化改造如图 6-5 所示。

6.4.2　矿坑水冷能降温协同井下局部通风的热害治理

根据 JQ 金矿 1118m 坑口井下现场开采条件以及 280m 水平作业面上的需冷量，构建矿井水源为冷源的降温系统结构见图 6-6，以矿井水源为冷源的通风降温系统见图 6-7，并设计出针对 JQ 金矿 1118m 坑口 280m 水平作业面热害治理的以矿井涌水为冷源的井下集中式制冷降温系统工艺方案图，见图 6-8。

以矿井水源为冷源的井下人工制冷降温系统包括冷源、制冷和降温三大部分，其核心在于制冷部分。该制冷部分由冷凝器、节流阀、蒸发器和压缩机等四部分构成，包括 2 个等温过程和 2 个等熵过程，利用回路中制冷剂的蒸发吸热和冷凝放热实现作业面降温。

基本过程包括：提取井下水仓矿井水源→利用制冷剂冷凝为液态→液态制冷剂降压变低温低压并流入蒸发器→液态制冷剂吸热致使采掘作业面的高温回水蒸发汽化→液态制冷剂蒸发释放冷能将高温回水低温冷冻→送往高温作业面降温→

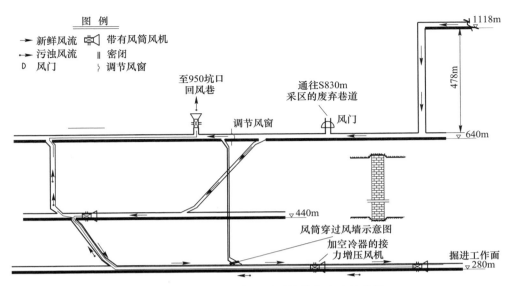

图 6-5　280m 中段局部通风系统优化改造示意图

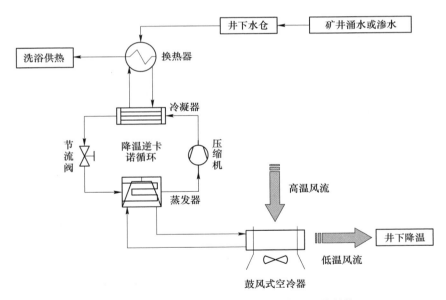

图 6-6　矿井水源为冷源的水风协同降温系统结构

气态制冷剂进入压缩机中被压缩为高温高压的蒸汽制冷→蒸汽制冷剂再次进入冷凝器并利用矿井坑水吸热放冷把冷凝制冷剂降温到低温液态。循环中的高温矿井涌水可用于井下员工洗浴等循环利用。

（1）利用在 640m 水平集水仓内的低温涌水作为井下制冷降温系统的冷源，

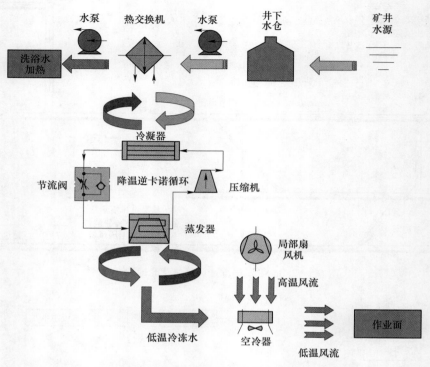

图 6-7　以矿井水源为冷源的水风协同降温系统流程

在冷却水泵站处设置三级过滤系统将矿井涌水中的杂质进行过滤后，再经过冷却水泵站将冷源输送到 440m 水平的换热工作站。

（2）在 440m 水平设置三防换热系统，对高污染、高矿化、高腐蚀的矿井涌水进行初步净化，并且提取矿井涌水中的冷能将其输送到制冷机组工作站，同时三防换热系统还兼具压力转换功能，将从 640m 水平输送下来的涌水由于高差所造成的高压水转换为普通低压水，以降低输送管及制冷机组所承受的压力。

（3）440m 水平设置制冷机组的主要作用是对从矿井涌水中提取的冷能进行进一步地制冷降温转化为冷冻水，通过冷冻水直接供给到 280m 水平采掘作业面上的空冷器。

（4）280m 水平作业面上设置的空冷器在冷冻水的作用下对流经空冷器的风流进行预冷降温，使低温的风流流向作业面并且与作业面上的高温空气进行热交换，达到对作业面降温降湿的效果。

（5）利用井下降温循环系统的回水系统将采掘面上的热量和制冷机组所产生的冷凝热收集起来对循环系统中的回水加热成高温回水，并将高温回水输送到

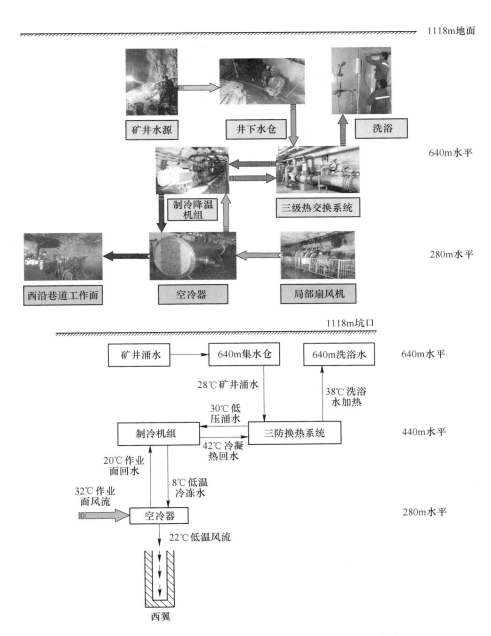

图 6-8 JQ 金矿 1118m 坑口 280m 中段水风协同治理方案

640m 水平利用其中蕴含的热量对井下员工洗浴用水进行加热处理,将矿井的热害加以利用变为热能,实现能源的循环利用,提高能源的利用率。

6.4.3 水冷能降温协同动态补偿通风调控的热害治理

6.4.3.1 补偿通风调控系统设计

以"需求控制通风"为原则,针对 JQ 金矿 1118m 坑口矿井通风系统的通风网络现状,基于水冷能降温协同动态补偿通风调控进行热害治理。将该矿井通风系统中引入水冷降温系统。该系统包含多个子系统:冷却水子系统、冷冻水子系统、空气处理机组 1、冷水机组、空气处理机组 2、末端独头巷道 1、末端独头巷道 2。其中冷却水子系统、冷冻水子系统、空气处理子机组 1 的系统模型描述分别为:

$$\boldsymbol{c}_1 = \begin{bmatrix} c_{1,1} \\ c_{1,2} \end{bmatrix} = \begin{bmatrix} T_{\text{COWTSset}} \\ T_{\text{COWTRset}} \end{bmatrix}$$

$$\boldsymbol{u}_1 = \begin{bmatrix} u_{1,1} \\ u_{1,2} \\ u_{1,3} \\ u_{1,4} \\ u_{1,5} \end{bmatrix} = \begin{bmatrix} T_{\text{CHWin,1}} \\ T_{\text{CHWin,2}} \\ Q_{\text{CHW,1}} \\ Q_{\text{CHW,2}} \\ Q_{\text{CHWTin}} \end{bmatrix}, \quad \boldsymbol{y}_1 = \begin{bmatrix} y_{1,1} \\ y_{1,2} \end{bmatrix} = \begin{bmatrix} T_{\text{COWS}} \\ Q_{\text{COWToin}} \end{bmatrix}$$

$$\boldsymbol{c}_2 = \begin{bmatrix} c_2 \end{bmatrix} = \begin{bmatrix} P_{\text{CHWdpset}} \end{bmatrix}$$

$$\boldsymbol{u}_1 = \begin{bmatrix} u_{2,1} \\ u_{2,2} \\ u_{2,3} \\ u_{2,4} \\ u_{2,5} \\ u_{2,6} \end{bmatrix} = \begin{bmatrix} T_{\text{CHWout,1}} \\ Q_{\text{CHW,1}} \\ T_{\text{CHWot,2}} \\ Q_{\text{CHW,2}} \\ T_{\text{CHWTS}} \\ Q_{\text{CHWTout}} \end{bmatrix}, \quad \boldsymbol{y}_1 = \begin{bmatrix} y_{2,1} \\ y_{2,2} \\ y_{2,3} \\ y_{2,4} \end{bmatrix} = \begin{bmatrix} T_{\text{COWin,1}} \\ Q_{\text{CHW,1}} \\ T_{\text{CHWin,2}} \\ Q_{\text{CHW,2}} \end{bmatrix}$$

$$\boldsymbol{c}_3 = \begin{bmatrix} c_{3,1} \\ c_{3,2} \\ c_{3,3} \end{bmatrix} = \begin{bmatrix} Q_{\text{afreset,1}} \\ T_{\text{asupset,1}} \\ P_{\text{asupset,1}} \end{bmatrix}$$

$$\boldsymbol{u}_3 = \begin{bmatrix} u_{3,1} \\ u_{3,2} \\ u_{3,3} \\ u_{3,4} \\ u_{3,5} \end{bmatrix} = \begin{bmatrix} Q_{\text{aret,1}} \\ T_{\text{aret,1}} \\ CO_{2\text{aret,1}} \\ T_{\text{CHWin,1}} \\ Q_{\text{CHW,1}} \end{bmatrix}, \quad \boldsymbol{y}_3 = \begin{bmatrix} y_{3,1} \\ y_{3,2} \\ y_{3,3} \\ y_{3,4} \\ y_{3,5} \end{bmatrix} = \begin{bmatrix} Q_{\text{asup,1}} \\ T_{\text{asup,1}} \\ CO_{2\text{asup,1}} \\ T_{\text{CHWout,1}} \\ Q_{\text{CHW,1}} \end{bmatrix}$$

式中,T_{COWTRset} 为冷却塔进水温度设定值,℃;T_{COWTSset} 为冷却塔出水温度设定值,℃;$T_{\text{CHWin,}i}$ 空气处理机组 i 表冷器进水温度,℃;$Q_{\text{CHW,}i}$ 空气处理机组 i 冷冻水

流量，m^3/h；T_{COWTS} 冷却塔出水温度，$℃$；Q_{CHWin} 冷水机组冷却水进水流量，m^3/h；$P_{CHWdpset}$ 冷冻水二次泵压差设定值，MPa；$T_{CHWout, i}$ 空气处理机组 i 表冷器出水温度，$℃$；$Q_{COWTout}$ 冷却塔出水流量，m^3/h；$Q_{afreset, 1}$ 空气处理 1 新风量设定值，m^3/s；$T_{asupset, 1}$ 空气处理机组 1 送风温度设定值，$℃$；$P_{asupset, 1}$ 空气处理机组 1 送风静压设定值；$Q_{aret, 1}$ 空气处理机组 1 回风 CO_2 浓度，10^{-6}；$T_{asup, 1}$ 空气处理机组 1 送风温度，$℃$；$Q_{asup, 1}$ 空气处理机组 1 风机送风量，m^3/s；$CO_{2asup, 1}$ 空气处理机组 1 送风 CO_2 浓度，10^{-6}。

设定系统的初始值及阶跃量：冷却塔出水温度 29.5℃、阶跃值 0.5℃；冷冻水二次泵压差 0.1MPa、阶跃值 0.02MPa；空气处理机组送风温度 14.7℃、阶跃值 0.5℃、送风静压 220Pa、阶跃值 250Pa。各子系统模型如下：

冷却水系统模型

$$A_1 = \begin{bmatrix} 0.9717 & 0.7426 \\ 0.6353 & -0.2396 \end{bmatrix}$$

$$B_1 = \begin{bmatrix} 0.0265 & -0.0538 & -0.0168 & 0.0382 & 0.0316 \\ 0.0044 & -0.0090 & -0.0028 & 0.0064 & 0.0053 \end{bmatrix}$$

冷冻水系统模型

$$A_2 = \begin{bmatrix} -18.8872 \\ 20.1923 \\ 35.1812 \\ 18.0739 \end{bmatrix}$$

$$B_2 = \begin{bmatrix} 0.0027 & 0.0003 & 0.0334 & 0.0025 & 0.0272 & 0.0151 \\ 0.0109 & 0.0217 & 0.0192 & 0.0001 & 0.0871 & -0.0774 \\ 0.0128 & 0.0287 & 0.0033 & -0.0016 & 0.0979 & -0.1133 \\ 0.0092 & 0.0249 & -0.0222 & -0.0032 & 0.0653 & -0.1105 \end{bmatrix}$$

空气处理机组 1 模型

$$A_3 = \begin{bmatrix} -0.2301 & & 0.0030 \\ 1.4268 & -0.3735 & -0.0346 \\ 830.6072 & 55.1018 & 7.1394 \\ 37.7069 & 1.8909 & 0.3159 \\ -6.4763 & -0.1597 & -0.0560 \end{bmatrix}$$

$$B_3 = \begin{bmatrix} -0.0001 & -0.0062 & -0.0001 & -0.0001 & 0.0009 & 0.0009 \\ 0.0022 & 0.5394 & 0.5394 & -0.0053 & -0.0603 & -0.0741 \\ -0.1444 & -34.6186 & -34.6186 & 1.7505 & 7.0016 & 4.8355 \\ -0.0013 & -0.4511 & -0.4511 & -0.0046 & -0.2385 & 0.0550 \\ -0.0005 & -0.1321 & -0.1321 & 0.0040 & 0.0236 & 0.0184 \end{bmatrix}$$

6.4.3.2　补偿通风调控系统优化

基于系统优化理论，将补偿通风调控系统划分三层结构：a）直接控制层负责控制各子系统，实现风机、水泵等设备控制；b）局部优化层负责各子系统的优化，采用局部决策单元实现优化；c）全局优化层负责协调各子系统局部优化结果，实现全局最优，采用大系统协调单元完成。

系统的主要能耗设备为冷水机组、水泵和风机等。优化目标是实现井下空气的降温治理及系统总能耗最低。先运行设备，达到井下制冷降温预期效果，此时，系统整体能耗最低的目标可以通过对冷却塔出水温度、冷水机组冷却水出水温度、冷冻水二次泵压差、空气处理机组送风静压、送风温度等参数的动态寻优来实现。本优化设计中系统的目标函数为：

$$N_{\text{total}} = \min\Big\{\Big(\alpha\sum_{i=1}^{N_1}P_{\text{chiller},\,i} + \sum_{i=1}^{N_2}P_{\text{COWfan},\,i} + \sum_{i=1}^{N_3}P_{\text{COWpump},\,i} + \sum_{i=1}^{N_5}P_{\text{CHWpump2},\,i} + $$

$$\sum_{i=1}^{N_6}P_{\text{AHUfan},\,i} + \beta\sum_{i=1}^{N_8}PMV_{\text{R},\,i} + \sigma\sum_{i=1}^{N_9}Y_{\text{MAXCO2},\,i}\Big)\Big\} \tag{6-2}$$

其中，$P_{\text{chiller},\,i}$ 为冷机能耗，kW；$P_{\text{COWfan},\,i}$ 为冷却塔风机能耗，kW；$P_{\text{COWpump},\,i}$ 为冷却水泵能耗，kW；$P_{\text{CHWpump2},\,i}$ 为冷却二次水泵能耗，kW；$P_{\text{AHUfan},\,i}$ 为空气处理机组风机能耗，kW；$PMV_{\text{R},\,i}$ 为井下舒适度指标；Y_{MAXCO_2} 为井下 CO_2 浓度指标；α，β，σ 分别为通风能耗、热舒适性、空气品质权重参数。

系统中的主要设备包括空气处理机组（风机2台）、制冷机1台、冷却塔风机1台、冷却水泵1台、冷冻水二次泵1台。系统优化时，可以控制的主要约束关系是温度上下限及压差上下限，优化过程中，根据井上、井下气象参数变化及差值，及时调整各子系统的初始设定值，通过变频设备运行频率的调整，实现各子系统控制量设定值的调整，达到系统整体能耗最小、全局优化、运行稳定的目标。设置30min时间为一个优化周期，根据测试日系统运行数据（早上8：00至晚上20：00，共12h），补偿通风调控系统优化结果如图6-9~图6-12所示。

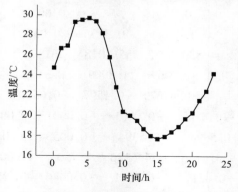

图6-9　冷却塔出水温度

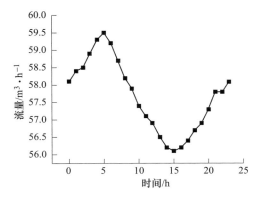

图 6-10　冷冻水流量控制

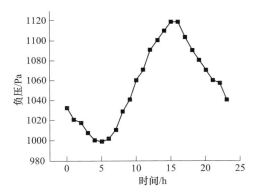

图 6-11　空气处理机组 1 负压控制

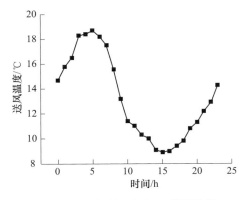

图 6-12　空气处理机组 1 送风温度

高温矿井通风系统控制复杂，设备分散，从整体上将系统进行分解，通过子系统设定量优化控制，可以保证各子系统局部控制稳定，从而可以实现高温矿井通风系统的整体优化。

6.5 热害协同治理效果与分析

6.5.1 通风网络优化

针对 JQ 金矿 1118m 坑口矿井通风系统的通风网络现状，实施优化改造措施：（1）合理优化井下通风线路：扩大 280m 水平直径为 0.25m 回风导孔直径成 1.4m 回风井，形成 280m 水平与 640m 水平风流回路，促进 280m 水平自然风流流通。（2）优化风流有效流通截面。及时清理通风巷道内堆积废石、污水，增加通风巷道的有效通风面积，确保井下风流畅通，减少通风阻力。

6.5.2 通风系统方案实施效果测定

JQ 金矿实施了 1118m 坑口井下通风系统优化施工。主要工程包括 280m 中段回风井疏通工程、主扇风机检修及叶片安装角参数调整（加大叶片安装角可增大扇风机风压）、局部风筒更换、废弃巷道及采空区封堵等工程。矿井通风系统优化前后，井下通风效果改善明显，现场实测结果见表 6-16。

表 6-16 通风系统优化前、后井下作业面实测风量

主要通风井巷	改造前风量/m³·s⁻¹	改造后风量/m³·s⁻¹	变化量/m³·s⁻¹
1118m 进风巷	22.3	37.0	+15.7
盲竖井	21.5	36.3	+14.8
640m 主巷道	21.1	35.3	+14.2
通往主回风井巷道	18.3	12.1	−6.8
440m 斜井	5.4	22.5	+17.4
440m 回风井	5.2	10.2	+5.4
440m 作业面	0.2	2.9	+2.7
280m 斜井	0	6.8	+6.8
280m 回风井	0	6.2	+6.2
280m 西沿作业面	0.1	3.0	+2.9

6.5.3 水风协同热害治理效果分析

JQ 金矿 1118m 坑口 280 水平高温作业面在热害治理降温措施实施后，以 280m 水平西翼作业面为例，现场采用对比分析法对井下 280 水平作业环境的温度、湿度进行检测分析。通过井下现场布置监测点，实测监测点附近空气的温度

和湿度数值，见表 6-17。

表 6-17　280m 水平西翼掘进巷道内降温前后温度、湿度监测数据

监测点	温度/℃		湿度/%	
	降温后	降温前	降温后	降温前
A	29.2	32.3	79	92
B	29.5	32.9	81	95
C	30.1	33.5	83	94
D	29.9	33.9	86	97
E	29.2	34.1	84	95
F	28.6	33.7	84	93
G	28.1	33.2	80	92
H	27.6	32.7	76	90

图 6-13 为 280m 中段西翼掘进工作面测点布置图，图 6-14（a）为 JQ 金矿 1118m 坑口 280m 水平西翼掘进工作环境各监测点的降温效果图，图 6-14（b）为减湿效果图。通过带风筒的风机直接将低温风流输送到掘进头的作业面上，降温前掘进头工作面的迎头温度为 32.7℃，降温后为 27.6℃，降温幅度为 5.1℃。降温措施实施前掘进头相对湿度高达 90%，降温后相对湿度为 76%，除湿幅度达 14%。

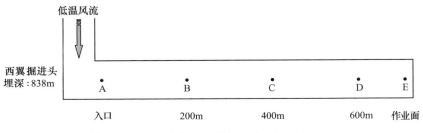

图 6-13　280m 中段西翼掘进工作面测点布置图

优化改造结果显示：280m 中段西翼采掘作业面有效风量从改造前的 0.9m³/s 提高到 3.2m³/s，很大程度上改善了作业面工作环境。在 JQ 金矿 1118m 坑口矿井下建立以矿井涌水为冷源的制冷降温系统对 280m 中段工作面进行热害治理，实践结果表明：280m 中段西翼掘进工作面温度控制在 28℃ 以内，掘进工作面的温度降低了 5.1℃，作业面上的相对湿度降低了 14% 左右，改善井下作业环境效果明显。

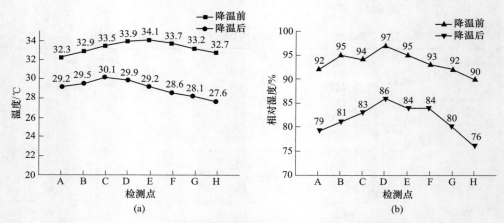

图 6-14　280m 中段西翼掘进作业环境降温、减湿治理效果对比分析

6.6　本章小结

　　本章针对 JQ 金矿井下高温高湿环境，分析了该矿井通风不畅问题产生的原因，测定并完成了井下环境参数的计算及分析，实现了该矿井下矿工自身安全影响态势评估，设计并实施了通风系统优化、水风协同治理方案，包括基于矿坑水冷能的降温协同井下局部通风治理方案、水冷能降温协同动态补偿通风调控的热害治理方案，最后对治理后的降温、减湿效果进行了对比分析。

7 结　　论

<<<<<<<<<<<<<<<<<<<<<<<<<<<<<<<<<<<<<<<<<<<<<<<<<<<<<<<<<<<<<<<<<<<<

　　高温矿井井下热湿环境，既影响矿山企业的安全生产效率，更影响井下作业人员的身心健康、行为安全。本书针对高温矿井热湿环境影响因素、影响机理、热害治理对策展开研究，围绕高温矿井热湿危害与矿工安全之间的影响这一核心关键问题，首先从对高温矿井热湿环境系统的认知出发，分析了井下热湿来源、采掘作业场所热荷载反演计算、井下关键场所的热环境模拟实验；其次，进行井下热湿环境对矿工身心安全的影响机理研究，基于矿工的认知心理过程与作业行为，通过设计热湿环境对矿工身心影响的测试实验，分析了矿工身心安全的影响因素，构建了矿工安全行为发生机理模型，揭示了高温矿井热湿环境对矿工人体机能之间的关系；第三，基于热湿环境对矿工安全的作用机理模型的基础上，提出基于集对分析的矿工安全影响态势评估模型，利用扩展的多元联系数计算矿工安全影响的偏联系度，明确其安全态势影响趋势；第四，针对井下不同场所及情况，制定了高温矿井的热害治理对策；最后，进行了热害治理应用案例研究，实践证明采用通风系统优化及水风协同治理对策进行高温矿井热害治理是有效策略。本书取得的主要研究成果概括如下：

　　（1）热湿环境系统分析及仿真模拟。首先，对高温矿井定义进行了界定，针对矿井内的热源方面，分别从矿井井巷围岩散热、矿井地热水散热、开采出的矿石在地下井巷运输过程中的散热、地表高温与井下的对流传热、井下生产作业过程中的机械及电器设备散热、井下生产作业人员的人体散热、爆破作业过程产生的散热、矿石氧化散热、摩擦产生的散热、井下废气排放过程中的散热等方面进行了分析及计算，从地下自然涌水和工业用水两方面进行了湿源分析；然后，构建了高温矿井热荷载反演计算模型；最后，对高温矿井热湿环境设计了掘进巷道温度场-风速场模拟、运输巷道风速场增压数值模拟、采掘区围岩注水降温数值模拟三个实验，实现了井下主要场所热湿环境特征分析及仿真模拟。研究表明：矿井高湿度原因在于矿井地下水丰富，矿井高温高湿环境的形成主要在于高地热或高温地下热水；针对矿井内非稳定动态热交换过程，基于矿井进风初始端、回风终端焓值计算的热荷载反演计算模型为高温矿井热湿环境仿真模拟提供了理论支持；掘进巷道温度场-风速场数值模拟实验显示影响井下人体热舒适度主要因素是温度和风速；运输巷道增压风速场数值模拟实验显示出针对运输作业区采用增压对策是有效性的；实验Ⅲ表明针对采掘区采用围岩注水降温的关键因素是注水速度及孔隙率，且正向影响降温效果。

（2）设计热湿环境对矿工身心影响的测试实验，分析热湿环境对矿工心理、生理、行为安全的影响机理以及影响指标间耦合作用关系。一方面，通过对 50 名矿工的生理、心理及行为测量及数据分析，得出了基本规律：1）热湿环境下矿工生理指标的变化趋势。核心温度、皮肤温度、心率和新陈代谢率四项指标随着温湿度的升高都有着明显的上升，初进入热湿环境时的变化较为显著；温度湿度的上升与各指标的升高成正比，风速的增加与各指标的升高成反比。心率和血压受温度的影响较为明显，出汗量受温度和湿度的影响较大，新陈代谢率的变化趋势与人体核心温度和皮肤温度变化趋势接近。2）热湿环境下矿工心理指标的变化趋势。疲劳度随着温湿度的升高有明显的上升；热感觉受温度影响，湿感觉受湿度影响，环境越恶劣，热湿感觉越明显；疲劳度受温度和湿度的双重影响，随着温度和湿度的升高，疲劳症状出现的越来越多；风速对人体心理影响较小，主观变化不明显。3）热湿环境下矿工行为能力的变化情况。反应力和臂力都随着温度和湿度的增加呈下降趋势，且温度越高，反应时间越多，即矿工的反应力、注意力和臂力三项行为能力随着温度的升高呈现减弱趋势；4）对矿工生理、心理及行为进行了相关性分析，可知人员行为能力与生理指标和心理指标均有较强的相关性。5）结合生理指标、心理指标与行为能力之间的回归方程模型，建立热湿环境对矿工生理、心理及行为影响机理模型；6）总体上，温度 27℃ 以下且湿度 60%~70%，可通过排汗降低人体温度，热湿感觉舒适，各机能指标正常；温度 31℃ 以上且湿度 70%~80%，矿工的核心温度超过 38℃，血压达到临界高血压，热湿感觉变化明显；温度 35℃ 以上且湿度 80%~90%，矿工的身体机能指标出现一系列不适症状，血压和心率接近正常范围的最大值，出汗量急剧增加，安全度明显降低。另一方面，基于涌现理论的矿工身心安全态势指标耦合作用机理表明，矿工身心安全态势是各影响指标相互耦合涌现的结果，空气温度、相对湿度、风流速度是影响矿工身心安全态势的主要因素。

（3）基于集对分析的矿工安全影响态势评估。基于热湿环境对矿工自身安全的作用机制模型的基础上，提出基于集对分析的矿工自身安全影响态势评估模型。利用扩展的多元联系数计算矿工自身安全影响的偏联系度，将传统的三元联系数集对分析拓展为与矿工自身安全影响等级相适应的五元联系数模型，将模糊层次分析理论（FAHP）与信息熵理论（IE）结合，确定评价指标的权重。对多元联系数不断求偏导得出矿工安全影响偏联系度的计算方法，利用偏联系度和跃迁距离综合反映矿工自身安全影响的发展趋势，并采用物元可拓模型评定矿工身心安全态势影响等级。

（4）高温矿井热害治理对策。梳理了高温矿井的热害治理的三种人工制冷降温对策；针对高温矿井整体通风系统，提出了动态补偿冷风的降温减湿对策；

其次，针对高温矿井关键作业场所，提出了解决低压缺氧问题的增能增阻降温对策、适于采掘作业区的可控循环增风降温对策；最后，针对矿工自身，从按岗配员、活性作业制度、自身安全防护、营养及体质、应急救援、环境检测等方面提出了安全防护对策措施建议。

（5）结合实例，进行 JQ 金矿的通风问题诊断，对该矿井井下矿工自身安全进行了风险态势评价，制定了矿井通风系统优化改造及风水协同治理措施，取得了明显的治理效果。

综上可知，通过分析高温矿井热湿环境特征，利用热荷载反演分析，对不同工况下的热湿环境进行数值模拟，确定其定量化影响因素。引入人因工程中、行为科学、认知心理学、安全心理学等多学科手段，分析热湿环境对矿工心理、生理、行为安全的影响机理。将集对分析理论引入矿工自身安全影响态势评价中，针对性地提出高温矿井热害治理及矿工自身安全防护对策，并结合实例验证理论模型的可靠性。高温矿井热湿环境对矿工安全的影响机理及热害治理对策研究，不仅扩充了现有安全管理理论在矿山安全管理方面的应用维度，也为集对分析、认知心理学等理论在矿山复杂大系统安全管理领域的应用提供了借鉴。

参 考 文 献

［1］何满潮，徐敏. HEMS 深井降温系统研发及热害控制对策［J］. 岩石力学与工程学报，2008（07）：1353～1361.

［2］王希然，李夕兵，董陇军. 矿井高温高湿职业危害及其临界预防点确定［J］. 中国安全科学学报，2012，22（02）：157～163.

［3］Jean-Marie Kauffmann, Daniel Hissel. Fuel cells and their applications in belfort（France）［J］. Fuel Cells, 2006, 6（1）：3.

［4］HEISE F H, BROWN L. A Case of Hydro-Pneumo-Pericardum in a Tuberculous Individual During an attack of Typhoid Fever［J］. 1923, 39：44.

［5］HIRAMATSU Y, AMANO K. Calculation of the rate of flow, temperature and humidity of air currents in a mine［J］. International Journal of Rock Mechanics and Mining Sciences &, Geomechanics Abstracts, 1972, 9（6）：713～727.

［6］LAGNY C. The emissions of gases from abandoned mines：role of atmospheric pressure changes and air temperature on the surface［J］. Environmental Earth Sciences, 2013, 71（2）：923～929.

［7］MAURICE L, ADAMS F F, Ng Michelle. Refined sgRNA efficacy prediction improves large- and small-scale CRISPR-Cas9 applications［J］. Nucleic Acids Research, 2017（3）：3.

［8］KRYSTYNA B, TADEUSZ B. Reconstruction of the 217-Year（1791-2007）Wrocław Air Temperature and Precipitation Series［J］. Nephron Clinical Practice, 2018, 3（1）：121～171.

［9］陈安国. 矿井热害产生的原因、危害及防治措施［J］. 中国安全科学学报，2004，14（8）：3～6.

［10］陈胤，杨运良，程磊. 矿井高温热害分析与治理［J］. 矿业快报，2008（06）：78～79.

［11］孙勇，王伟. 基于 Fluent 的掘进工作面通风热环境数值模拟［J］. 煤炭科学技术，2012，40（7）：31～34.

［12］马婕，牛永胜. 高温矿井热害治理与废热利用综合技术研究［J］. 华北科技学院学报，2014，11（02）：95～98.

［13］牛永胜. 矿井降温与热能利用一体化技术［J］. 煤矿安全，2017，48（11）：84～87.

［14］KALKOWSKY B, KAMPMANN B. Physiological Strain of Miners at Hot Working Places in German Coal Mines［J］. Industrial Health, 2006, 44（3）：465～473.

［15］SAHA R, DEY N C, SAMANTA A, et al. A comparative study of physiological strain of underground coal miners in India［J］. Journal of Human Ergology, 2007, 36（1）：1～12.

［16］PSIKUTA A, KUKLANE K, BOGDAN A, et al. Opportunities and constraints of presently used thermal manikins for thermo-physiological simulation of the human body［J］. International Journal of Biometeorology, 2015, 60（3）：435～446.

［17］ÖMER K, MUTLU M, İBRAHIM A, et al. Investigation of Humidity Effects on the Thermal Comfort and Heat Balance of the Body［M］//Progress in Exergy, Energy, and the Environment.

Springer International Publishing, 2014.

［18］ KIM M J . Effects of Hair Style on Human Physiological Response in a Thermal Neutral Environment ［J］. Society of Community Life Sciences, 2010, 21 （1）: 117~124.

［19］ FODA E, KAI S. Dynamics of human skin temperatures in interaction with different indoor conditions ［J］. iris, 2011.

［20］ BRAGA I, M. JOSÉ A, DUARTE F M . Simulating Human Physiological Response with a Thermal Manikin Testing Different Non Active Medical Devices ［J］. Materials Science Forum, 2010, 636~637: 36~40.

［21］ 田元媛, 许为全. 热湿环境下人体热反应的实验研究 ［J］. 暖通空调, 2003 （04）: 27~30.

［22］ 朱能, 赵靖. 高热害煤矿极端环境条件下人体耐受力研究 ［J］. 建筑热能通风空调, 2006 （05）: 34~37, 43.

［23］ 向立平, 王汉青. 高温高湿矿井人体热舒适数值模拟研究 ［J］. 矿业工程研究, 2009, 24 （3）: 66~69.

［24］ 王从陆, 伍爱友. 深部高温高湿矿井热平衡及热舒适评价研究 ［J］. 矿业工程研究, 2009, 24 （02）: 34~37.

［25］ 陈颖. 极端环境下人体劳动安全的研究 ［D］. 天津: 天津大学, 2009.

［26］ 黄华良. 热害矿井气候与人体生理反应研究 ［J］. 矿业安全与环保, 2012, 39 （3）: 50~53.

［27］ 游波, 吴超, 王敏. 深井受限空间高温环境影响模拟试验研究 ［J］. 中国安全生产科学技术, 2013 （11）: 30~36.

［28］ 吴建松, 付明, 童兴, 等. 高温高湿矿井作业人员热应激评价 ［J］. 煤炭科学技术, 2015, 43 （9）: 30~36.

［29］ 张超, 唐仕川, 李东明, 等. 高温高湿环境下人员劳动负荷与疲劳水平试验研究 ［J］. 安全与环境学报, 2015, 15 （4）: 176~180.

［30］ ALBER-WALLERSTRM B, HOLMÉR I. Efficiency of sweat evaporation in unacclimatized man working in a hot humid environment ［J］. European Journal of Applied Physiology and Occupational Physiology, 1985, 54 （5）: 480~487.

［31］ CHAN A P C, YI W, WONG D P, et al. Determining an optimal recovery time for construction rebar workers after working to exhaustion in a hot and humid environment ［J］. Building and Environment, 2012, 58 （DEC.）: 163~171.

［32］ TSUTSUMIA H, TANABEA S, HARIGAYA J. Effect of humidity on human comfort and productivity after step changes from warm and humid ［J］. Building and Environment, 2007, 42 （12）: 4034-4042.

［33］ HEATHER E, WRIGHT B, JOCELYN M, et al. Preservation of cognitive performance with age during exertional heat stress under low and high air velocity ［J］. Biomed Research International, 2015: 524~534.

[34] Ahmad Rasdan Ismail, Che Mohammad Nizam, Mohd Hanifiah Mohd Haniff, et al. The Impact of Workers Productivity Under Simulated Environmental Factor by Taguchi Analysis [J]. APCBEE Procedia, 2014, 10.

[35] 吕石磊, 朱能, 冯国会, 等. 高温高湿热环境下人体耐受力研究 [J]. 沈阳建筑大学学报 (自然科学版), 2007, 23 (6): 982~985.

[36] 余娟, 朱颖心, 欧阳沁, 等. 基于生理指标评价人体热舒适、工作效率和长期健康的研究路线探讨 [J]. 暖通空调, 2010, 40 (03): 1~5.

[37] 薛丽萍, 张小涛, 隋金君, 等. 高压喷雾降尘影响因素分析及机掘工作面工艺实践 [J]. 矿业安全与环保, 2011, 38 (6): 34~37.

[38] 景国勋, 彭信山, 李创起, 等. 基于光环境指数综合评价法的综掘工作面照明环境评价 [J]. 安全与环境工程, 2012, 19 (3): 41~44.

[39] 吴兆吉. 梅花井煤矿深部热害防治技术的应用 [J]. 科技创新导报, 2012 (07): 67.

[40] 刘树伦, 齐帅, 李蔬宏, 等. 煤矿井下人-环境系统模型构建及工效影响研究 [J]. 中国矿业, 2013, (7): 104~106, 110.

[41] 马辉, 袁晓雨, 张超. 高温高湿环境对作业者反应时间的影响研究 [J]. 华北科技学院学报, 2014, 11 (06): 68~72.

[42] 张景钢, 杨诗涵, 索诚宇. 高温高湿环境对矿工生理心理影响试验研究 [J]. 中国安全科学学报, 2015, 25 (01): 23~28.

[43] 常德化, 许晓燕, 谭冬伟, 等. 高温矿井皮带工人传冷隔热帐篷的营建 [J]. 山西焦煤科技, 2015 (6): 44~46.

[44] 杜亚娜. 热环境对人员工作效率的影响 [J]. 低温建筑技术, 2018, 40 (4): 137~139.

[45] 马坡. 煤矿深部开采热害防治技术的应用与研究 [J]. 价值工程, 2018, 37 (3): 125~126.

[46] 史偲岑, 谭良斌. 建筑光环境对工作效率的影响研究 [J]. 建筑技术开发, 2019, 46 (17): 101~102.

[47] 刘合. 室内环境热工参数对工作效率的影响 [J]. 能源与环境, 2019(6): 84~86, 92.

[48] PEREDERIĬ G S. The development of work regimens for miners in high-temperature coal mine faces for the prevention of heat-related lesions [J]. likarska sprava, 1996 (5~6): 149.

[49] VEIL J A, KUPAR J M, PUDER M G. USE of mine pool water for power plant cooling [J]. 2006.

[50] OLIVIER J A, LIEBENBERG L, THOME J R, et al. Heat transfer, pressure drop, and flow pattern recognition during condensation inside smooth, helical micro-fin, and herringbone tubes [J]. International Journal of Refrigeration, 2007, 30 (4): 609~623.

[51] ZHANG K, SHANG J S, TANG B, et al. Study on the Technique to Control Heat-Damage in Mine [J]. Advanced Materials Research, 2012, 577: 155~158.

[52] SCHUTTE A J, MARE P, KLEINGELD M. Improved utilisation and energy performance of a mine cooling system through the control of auxiliary systems [C]//Industrial & Commercial Use

of Energy Conference. IEEE, 2013.

［53］ KAMYAR A, AMINOSSADATI S M, LEONARDI C, et al. Current developments and challenges of underground mine ventilation and cooling methods ［C］//2016 Coal Operators' Conference, 2016.

［54］ 李艳军, 焦海朋, 李明. 高温矿井的热害治理 ［J］. 能源技术与管理, 2007 (6): 45～47.

［55］ 谢中强. 非机械降温技术在高温热害矿井治理的应用 ［J］. 煤矿开采, 2009, 14 (4): 88～89.

［56］ 张连昆, 康天合, 谢耀社, 等. 基于液气相变吸热的深井掘进工作面降温数值模拟 ［J］. 煤矿安全, 2018, 49 (03): 182～186.

［57］ 郭念波. 矿井高温热害综合治理技术的探索和实践 ［J］. 中国煤炭, 2015, 41 (1): 117～122.

［58］ 聂兴信, 魏小宾. 基于矿井水源的井下降温技术应用 ［J］. 有色金属工程, 2018, 8 (4): 116～121.

［59］ KOZYREV S A, OSINTSEVA A V. Optimizing arrangement of air distribution controllers in mine ventilation system ［J］. Journal of Mining Science, 2012 (5): 869～903.

［60］ De SOUZA E. Optimization of complex mine ventilation systems with computer network modelling ［J］. IFAC Proceedings Volumes, 2007 (11): 323～329.

［61］ 刘志. 矿井通风系统可靠性影响因素分析 ［J］. 科技视野, 2012 (21): 244～245.

［62］ 张亚明, 何水清, 李国清, 等. 基于 Ventsim 的高原矿井通风系统优化 ［J］. 中国矿业, 2016, 25 (07): 82～86.

［63］ 王洪梁, 辛嵩. 人工增压技术的高海拔矿井通风系统 ［J］. 黑龙江科技学院学报, 2009, 19 (06): 447～450.

［64］ 王海宁, 彭斌, 彭家兰, 等. 大型复杂矿井通风系统的共性问题分析与优化实践 ［J］. 安全与环境学报, 2014, 14 (03): 24～27.

［65］ 徐竹云. 矿井复杂通风网络全局优化的研究 ［J］. 工业安全与防尘, 1993 (02): 38, 48.

［66］ LI G, KOCSIS C. Sensitivity analysis on parameter changes in underground mine ventilation systems ［J］. Journal of Coal Science and Engineering, 2011 (3): 251～255.

［67］ ACUNA E I, LOWNDES I S. A Review of Primary Mine Ventilation System Optimization ［J］. Interfaces, 2014 (2): 163～175.

［68］ JANSZ J, Sick building syndrome. Reference Module in Biomedical Sciences, from International Encyclopedia of Public Health ［M］. 2nd Edition. ［S. l.］: ［s. n.］, 2017: 502～505.

［69］ AMIN N D M, AKASAH Z A, RAZZALY W. Architectural evaluation of thermal comfort: Sick building syndrome symptoms in engineering education laboratories ［J］. Procedia-Social and Behavioral Sciences, 2015 (204): 19～28.

[70] JI W J, CAO B, GENG Y, et al. Study on human skin temperature and thermal evaluation in step change conditions: From non-neutrality to neutrality [J]. Energy and Buildings, 2017, 156: 29~39.

[71] CHEN X, WANG Q, SREBRI J. Occupant feedback based model predictive control for thermal comfort and energy optimization: A chamber experimental evaluation [J]. Applied Energy, 2016, 164: 341~351.

[72] CHEN X, WANG Q, SREBRIC J. A data-driven state-space model of indoor thermal sensation using occupant feedback for low-energy buildings [J]. Energy and Buildings, 2015, 91: 187~198.

[73] ZHANG Y F, ZHAO R Y. Relationship between thermal sensation and comfort in non-uniform and dynamic environments, Building and Environment [J]. 2009, 44 (7): 1386~1291.

[74] 亓玉栋, 程卫民, 于岩斌, 等. 我国煤矿高温热害防治技术现状综述与进展 [J]. 煤矿安全, 2014, 45 (03): 167~170, 174.

[75] 张永春. 朱集矿热害治理技术与降温效果研究 [J]. 煤矿安全, 2015, 46 (10): 157~159.

[76] 刘博, 唐晓英, 刘伟峰, 等. 人体核心温度的测量方法研究进展 [J]. 中国生物医学工程学报, 2017, 36 (05): 608~614.

[77] 张超, 秦挺鑫, 刘阳. 人体热应变预测方法标准在热安全评价中的应用 [J]. 中国安全生产科学技术, 2016, 12 (02): 118~122.

[78] 魏洋. 人体出汗量的测定研究 [J]. 中国个体防护装备, 2011 (03): 40~43.

[79] 王美楠, 王海英, 胡松涛, 等. 低气压环境下人体新陈代谢变化规律的实验研究 [J]. 青岛理工大学学报, 2014, 35 (05): 87~91.

[80] 盛迪韵. 美国汉语教学课堂中的协同教学分析: 涌现理论的视角 [J]. 全球教育展望, 2018, 47 (03): 112~121.

[81] 高雯, 周君, 塞德里克·A·卡兹, 艾弗拉·托马拉. 集群的智慧——论涌现理论在波哥大城市设计中的应用 [J]. 世界建筑, 2019 (04): 100~104.

[82] 付小艳, 聂兴信, 白存瑞, 等. 矿山安检员执业能力影响因素耦合关系研究: 基于涌现理论视角 [J]. 中国安全科学学报, 2020, 30 (02): 1~7.

[83] 杨雷, 漆国怀. 基于集对分析的多种不确定偏好形式大群体决策方法 [J]. 运筹与管理, 2017, 26 (08): 59~66.

[84] SU M R, YANG Z F, CHEN B. Set pair analysis for urban ecosystem health assessment [C]// Communications in Nonlinear Science and Numerical Simulation 14.4, 2009: 1773~1780.

[85] LI W J, QIU L, CHEN X N, et al. Assessment model for river ecology health based on Set Pair Analysis and Variable Fuzzy Set [J]. Journal of Hydraulic Engineering, 2011, 42 (7): 775~782.

[86] KUMAR K, HARISH G. TOPSIS method based on the connection number of set pair analysis under interval-valued intuitionistic fuzzy set environment [J]. Computational and Applied Math-

ematics, 2018, 37（2）: 1319~1329.

［87］ 郭瑞林, 赵克勤. 同异联系度中的不确定势及其势级研究 ［C］// 中国人工智能学会全国学术年会, 2003.

［88］ 赵海超, 苏怀智, 李家田, 等. 基于多元联系数的水闸运行安全态势综合评判 ［J］. 长江科学院院报, 2019, 36（02）: 43~49.

［89］ 王霞. 联系范数为 4 与 6 的四元联系数系统态势数值排序及应用 ［J］. 数学的实践与认识, 2004, 34（7）: 107~112.

［90］ 李磊, 田水承, 陈盈. 基于 SEM-ANP 的矿工不安全行为影响因素指标体系研究 ［J］. 西安科技大学学报, 2017, 37（04）: 529~536.

［91］ ASTRAND I, AXELSON O, ERIKSSON U, et al. Heat stress in occupational work ［J］. Ambio, 2015, 4（1）: 37~42.

［92］ CUI D, He X Q, BAI S N. Numerical simulation of airflow distribution in mine tunnels ［J］. International Journal of Mining Science and Technology, 2017, 27（4）: 663~667.

［93］ LIU Y, WANG S, DENG Y, et al. Numerical simulation and experimental study on ventilation system for powerhouses of deep underground hydropower stations ［J］. Applied Thermal Engineering, 2016, 105: 151~158.

［94］ XIA Y, YANG D, HU C, et al. Numerical simulation of ventilation and dust suppression system for open-type TBM tunneling work area ［J］. Tunnelling and Underground Space Technology, 2016, 56: 70~78.

［95］ ROGHANCHI P, KOCSIS K C, SUNKPAL M. Sensitivity analysis of the effect of airflow velocity on the thermal comfort in underground mines ［J］. Journal of Sustainable Mining, 2017, 15（4）: 175~180.

［96］ YAN H Y, LI H R, CHEN J, et al. Research on influences of plateau climate on thermal adaptation of human body ［J］. Building Science, 2017, 33（08）: 29~34.

［97］ MENG Q L, YAN X Y, REN Q C. Global optimal control of variable air volume air-conditioning system with iterative learning: an experimental case study ［J］. Journal of Zhejiang University-Science, 2015, 16（4）: 302~315.

［98］ XU Z B, LIU S, HU G O, et al. Optimal coordination of air conditioning system and personal fans for building energy efficiency improvement ［J］. Energy and Buildings, 2017, 141: 308~320.

［99］ ZHANG X, LIN Y. Nonlinear decentralized control of large-scale systems with strong interconnections ［J］. Automatica, 2014, 50（9）: 2419~2423.

［100］ 闫海燕, 李洪瑞, 陈静, 等. 高原气候对人体热适应的影响研究 ［J］. 建筑科学, 2017, 33（08）: 29~34.

［101］ 王建玉, 任庆昌. 基于协调的变风量空调系统分布式预测控制 ［J］. 信息与控制, 2010, 39（5）: 651~656.

［102］ 郑侨宏, 韩勇. 基于多元联系数的矿工不安全行为风险态势评估 ［J］. 中国安全生产

科学技术，2018，14（2）：186～192.

[103] 李强年，赵巧妮. 基于层次熵物元可拓模型的绿色建筑绿色度评价——以甘肃省为例 [J]. 建筑节能，2020，48（07）：66～71.

[104] 赵杰，罗志军，赵弯弯，等. 基于改进物元可拓模型的鄱阳湖区耕地土壤重金属污染评价 [J]. 农业环境科学学报，2019，38（03）：521～533.

[105] 张永辉，夏春，谢强，等. 基于物元可拓模型的四川烟区烤烟中部叶化学品质的评价 [J]. 贵州农业科学，2020，48（07）：94～99.

[106] 张茂兰，田淑芳，陶洁，等. 基于改进的物元可拓法的矿山环境评价——以江西省萍乡市为例 [J]. 测绘工程，2020，29（03）：56～62，66.

[107] 段文洁，龙小敏，韩德军. 基于熵权物元可拓模型的土地整理项目绩效评价 [J]. 南方农机，2020，51（09）：51～54.

[108] 李泓泽，郭森，唐辉，等. 基于改进变权物元可拓模型的电能质量综合评价 [J]. 电网技术，2013，37（03）：653～659.

[109] 聂兴信，张婧静. 基于改进物元可拓理论的露天矿山安全生产风险等级评定 [J]. 安全与环境学报，2019，19（04）：1140～1148.

[110] 阮永芬，陈赵慧，吴龙，等. 基于可拓云理论的泥炭质土场地沉降风险评价 [J]. 安全与环境学报，2020，20（01）：59～67.

[111] 郭琦，鲍丽辉，卢意力. 变权物元模型在溃坝洪水受灾区划分中的应用 [J]. 人民长江，2015，46（12）：33～36.

[112] 刘冠胜，曹龙. 深井开采大型黄金矿山制冷降温系统优选 [J]. 黄金，2019，40（12）：36～38.

[113] 李少军，丁玉平，李小伟. 井下集中式降温系统研究应用 [J]. 内江科技，2014，35（08）：30～31，85.

[114] 商传玉，潘文超，周升举. 高地热深井热环境分析及井下制冷降温系统的研究与实践 [J]. 中国科技信息，2012（06）：66.

[115] 彤悦晓，付园园. 高温矿井局部降温系统的优化及性能分析 [J]. 内蒙古煤炭经济，2020（02）：15～16.

[116] 龙腾腾，周科平，陈庆发，等. 基于 PMV 指标的掘进巷道通风效果的数值模拟 [J]. 安全与环境学报，2008（03）：122～125.

[117] 褚召祥. 矿井降温系统优选决策与集中式冷水降温技术工艺研究 [D]. 山东科技大学，2011.

[118] 孙康平，李奎银. 高温热害矿井通风系统设计中有关问题的探讨 [J]. 江苏煤炭，1997（04）：40～42.

[119] 胡汉华. 复杂高温矿井通风网络数字化技术 [J]. 矿业研究与开发，2003，23（06）：23～26.

[120] 宋桂梅，张朝昌. 高温矿井独头掘进面空气调节的一种新系统 [J]. 制冷与空调（四川），2006（03）：5～8.

［121］张培红，董清明，李忠娟，等．深部开采矿井通风系统降温效果分析［J］．沈阳建筑大学学报（自然科学版），2013，29（01）：127~131.

［122］聂兴信，魏小宾．金渠金矿通风系统改造方案的优选与实践［J］．矿业研究与开发，2017，37（08）：85~89.

［123］聂晓郦．基于 FLUENT 的掘进作业面通风降温数值模拟研究［J］．采矿技术，2015，15（06）：29~31，35.

［124］孙信义．试论压入式通风在高海拔矿井中的应用［J］．煤炭工程，2004（03）：35~39.

［125］熊本良，杜祖福，刘四平，等．压入式矿井通风系统分析及优化调节［J］．矿业安全与环保，2009，36（0z1）：132~135.

［126］叶汝陵，龙斯仁，丁宗凤．压入式通风矿井改造主扇进风系统的研究［C］//全国风机和泵系统节能技术交流会，1992.

［127］李爱文，蔡建华，黄寿元．甘南高原矿井压入式通风系统设计［J］．现代矿业，2014（10）：119~120.

［128］王云龙，姜华．变频器应用于矿井主扇风机的经济技术分析［J］．煤矿机电，2001（06）：13~15.

［129］ZHANG Y F，ZHAO R Y. Relationship between thermal sensation and comfort in non-uniform and dynamic environments，Building and Environment［J］. 2009，44（07）：1386~1391.

［130］TSUTSUMIA H，TANABEA S，HARIGAYA J. Effect of humidity on human comfort and productivity after step changes from warm and humid［J］. Building and Environment，2007，42（12）：4034~4042.

［131］Ahmad RasdanI smail，Che Mohammad Nizam，Mohd Hanifiah Mohd Haniff，et al. The Impact of Workers Productivity Under Simulated Environmental Factor by Taguchi Analysis［J］. APCBEE Procedia，2014，10.

［132］NISHI Y，GAGGE A P. Direct Evaluation Evaluation of Convective Heat Transfer Confficient by Napthalene Sublimation［J］. Journal of Applied Physiology，2013，29（6）：830~838.

［133］SEMIN M A，YU L. Levin Stability of air flows in mine ventilation networks［J］. Process Safety and Environmental Protection，2019，124：167~171.

［134］谢金亮，陈春生，王花平．空气幕在矿山应用的效果［J］．煤矿安全，2006（11）：12~13.

［135］王海宁，程哲．空气幕研究进展［J］．有色金属科学与工程，2011，2（03）：40~46.

［136］Pedram Roghanchi，Karoly C Kocsis，Maurice Sunkpal. Sensitivity analysis of the effect of airflow velocity on the thermal comfort in underground mines［J］. Journal of Sustainable Mining，2016，15（4）：175~180.

［137］CHEN W，LIANG S，LIU J. Proposed split-type vapor compression refrigerator for heat hazard control in deep mines［J］. Applied Thermal Engineering，2016，105：425~435.

［138］FENG X P，JIA Z，LIANG H，et al. A full air cooling and heating system based on mine water source［J］. Applied Thermal Engineering，2018，145：610~617.

［139］袁梅芳．金属矿山通风节能降耗途径及应用［J］．湖南有色金属，2013，29（04）：

1~3.

[140] 吴富刚，宫锐，石长岩．可控循环通风技术在红透山矿井中的应用 [J]．有色金属（矿山部分），2011，63（03）：51~53.

[141] 张福群，刘冰心，吴静，等．可控循环通风技术的研究与应用 [J]．金属矿山，2006（11）：8~11.

[142] 张宇轩，叶勇军，肖德涛，等．抽出式通风独头巷道内氡及氡子体浓度的分布及特性分析 [J]．核技术，2016，39（05）：27~34.

[143] 周英烈．深井可控循环风水浴丝网净化降温技术研究 [J]．现代矿业，2015，31（09）：146~149.

[144] 常永昌．矿井可控循环通风系统应用研究 [J]．矿业装备，2019（04）：162~163.

[145] 刘晓培，宫锐，常德强，等．金属矿山可控循环风利用与节能 [J]．金属矿山，2014（09）：132~136.

[146] 姚银佩，刘伟强，王志，等．矿井空气环境安全与通风动力联动综合技术研究 [J]．采矿技术，2018，18（06）：65~67.

[147] 严鹏，赵国彦．多级机站可控循环通风系统试验研究 [J]．黄金，2012，33（12）：23~26.

[148] 胡宜．通风系统布置对 TBM 掘进区域温度与粉尘分布影响规律研究 [D]．中南大学，2014.

[149] 赵星光，谭卓英．露天矿山运输路面抑尘剂的研究与综述 [J]．黄金，2005（09）：48~51.

[150] 周英烈．深井可控循环风水浴丝网净化降温技术研究 [J]．现代矿业，2015，31（09）：146~149.